KAREN DUVE

Warum die Sache schiefgeht

Buch

»Früher wurden Kolonien ausgebeutet, heute betreiben wir vor allem einen Generationenimperialismus: Unsere Enkel und Urenkel sollen uns ihren zukünftigen Bedarf an Rohstoffen, Nahrung und lebenwerten Umweltbedinungen als Tribut für unseren Komfortbedarf und unseren Spaß am Shoppen abtreten.«
In ihrem furiosen Essay zeigt Karen Duve, dass Entscheidungsträger nicht deswegen auf ihre Positionen gelangt sind, weil sie intelligenter, kompetenter und sozialer als andere sind, sondern rücksichtsloser und schamloser. Und dass klassische Managertugenden wie Risikobereitschaft und Durchsetzungsvermögen in einem globalisierten, technisch hochgerüsteten 21. Jahrhundert keine Vorzüge, sondern ein ernstes Problem sind. Karen Duve haut auf den Tisch und ihrem Leser die Fakten um die Ohren, die nicht nur zeigen, wie viel mehr in der hunderttausendjährigen Menschheitsgeschichte drin gewesen wäre, sondern auch, dass es es an der Zeit ist, endlich mal die anderen ans Steuer zu lassen.

Autorin

Karen Duve, 1961 in Hamburg geboren, lebt in der Märkischen Schweiz. Sie wurde mit zahlreichen Preisen ausgezeichnet. Ihre Romane »Regenroman« (1999), »Dies ist kein Liebeslied« (2005), »Die entführte Prinzessin« (2005) und »Taxi« (2008) waren Bestseller und sind in 14 Sprachen übersetzt. 2011 erschien Karen Duves Selbstversuch »Anständig essen«, in dem sie – ähnlich Jonathan Safran Foers »Tiere essen« – die Frage aufwarf ›Wie viel gönne ich mir auf Kosten anderer?‹ und damit eine breite Diskussion über unser Konsumverhalten auslöste.

Von Karen Duve
ist im Goldmann Verlag außerdem erschienen:

Anständig essen
Grrrimm
Taxi

Karen Duve

Warum die Sache schiefgeht

Wie Egoisten, Hohlköpfe und Psychopathen uns um die Zukunft bringen

GOLDMANN

Verlagsgruppe Random House FSC® N001967

1. Auflage
Taschenbuchausgabe März 2016
Wilhelm Goldmann Verlag, München,
in der Verlagsgruppe Random House GmbH

Umschlaggestaltung: UNO Werbeagentur, München,
in Anlehnung an die Gestaltung der Hardcover-Ausgabe
(Manja Hellpap und Lisa Neuhalfen, Berlin)
Umschlagmotiv: © Bettmann/CORBIS
Lektorat: Esther Kormann/ Wolfgang Hörner
KF · Herstellung: Str.
Druck und Einband: GGP Media GmbH, Pößneck
Printed in Germany
ISBN: 978-3-442-15867-6
www.goldmann-verlag.de

Besuchen Sie den Goldmann Verlag im Netz

Inhalt

Einleitung ... 7

Kapitel 1: Einsatzbereitschaft ... 17

Kapitel 2: Risikobereitschaft ... 47

Kapitel 3: Selbstvertrauen ... 75

Kapitel 4: Durchsetzungsvermögen ... 111

Kapitel 5: Frauen? ... 123

Kapitel 6: Sintflut! ... 147

Literaturverzeichnis ... 175

Einleitung

Einige Forscher behaupten, wir könnten nicht anders. Uns bliebe gar nichts übrig, als widerstandslos in den Untergang zu schliddern. Das menschliche Gehirn sei eben nicht dafür ausgelegt, eine langfristige, noch nie da gewesene Katastrophe zu begreifen. Zudem nähre unser weiterhin komfortabler Lebensstil die Illusion, es sei doch eigentlich gar nichts los. Tatsächlich? Sind die Überschwemmungen noch nicht hoch genug, die Stürme nicht verheerend genug gewesen? Stand nicht in allen Zeitungen, dass die 22 wärmsten Jahre seit der Klimadokumentation in der Zeit nach 1980 gemessen worden sind?[1] Hat das etwa keiner mitgekriegt,

1 Nach der kürzlichen Entdeckung des Rekordhitzejahres 1540 handelt es sich jetzt um 21 von 22 wärmsten Jahren.

dass Dörfer im Himalaya wegen Wassermangel durch Gletscherschwund aufgegeben werden müssen, während man überlegt, Dörfer in Italien aufzugeben, weil sie regelmäßig überschwemmt werden? Ist es denn völlig unerheblich, wenn der UN-Klimarat und der Club of Rome mit einer alarmierenden Studie nach der anderen darauf hinweisen, dass das Ausbleiben von konsequenten Maßnahmen – und zwar sofort, jetzt gleich, nicht erst in 20 Jahren! – die Menschheit unweigerlich in eine Katastrophe führen wird?

Wenn wir tatsächlich zu arglos sind, um uns das kommende Szenario auszumalen, warum werden dann inzwischen Reissorten entwickelt, die mehrere Überschwemmungen überstehen und es länger als 2 Wochen unter Wasser aushalten können? Warum plant man um Manhattan Flutschutzzonen mit Fahrradwegen auf Stelzen, warum konstruiert man an den niederländischen Küsten schwimmende Häuser und ganze Siedlungen? Kriegt man es an den Börsen etwa nicht mit, wenn Länder ihren Reis nicht mehr verkaufen, weil sie Angst vor Engpässen haben? Dass China in großem Stil Land in Afrika aufgekauft hat? Oder dass Indien die Grenze zu Bangladesch mit einer 4000 km langen Hochsicherheitsanlage befestigt hat? Offiziell wegen islamistischer Terroristen. Aber wenn im

Jahr 2050 10% der Landfläche Bangladeschs verschwunden sein werden und 5,5 Millionen Direktbetroffene sich aufgemacht haben, eine neue Heimat zu finden, wird dieser Zaun gewiss noch einmal von Nutzen sein. Fällt es denn wirklich niemandem auf, wenn die Tagesschau an 365 Tagen im Jahr Naturkatastrophen meldet, manchmal auch gleich zwei oder drei an einem Tag, und dass dabei immer wieder Superlative verwendet werden: die höchste Überschwemmung seit Beginn der Aufzeichnungen, wärmster Märztag aller Zeiten, schlimmster Sturm seit 60 Jahren, obwohl schon im letzten Jahr und in den Jahren davor laufend neue Wetterrekorde verkündet wurden? Allein 2013 waren es 880 Naturkatastrophen. Versicherungen in Deutschland mussten 7 Milliarden Euro für Schäden durch Sturm, Hagel und Flut ausgeben. In Australien haben bereits mehrere Agenturen angekündigt, für bestimmte Gebiete keine Immobilien-Versicherungen mehr anzubieten. Und die, die es noch tun, verlangen horrende Beiträge. Der Gesamtverband der Deutschen Versicherungen (GDV) warnt seine Mitglieder vor einer Häufung von Wetterkatastrophen, die in den nächsten Jahrzehnten auf sie zukommen. Die Wirtschaftsprüfungs- und Beratungsgesellschaft PwC rät, bei langfristigen Investments – zum Beispiel in die Infrastruktur in küstennahe oder niedrig gelegene Regionen – »von pessimistischen Klimaszenarien auszugehen«. Vor allem Branchen mit hoher Abhängigkeit von Wasser und Energie seien damit gut beraten.

Alle, die es wissen wollen, wissen sehr gut, was da auf uns zukommt.

Weiteres Wirtschaftswachstum wird nur noch sehr kurzfristig zu mehr Wohlstand führen, längerfristig aber bloß noch zu mehr Klimaerwärmung, mehr Müll, mehr Hunger, mehr Dürrekatastrophen, mehr Waldbränden und mehr Überschwemmungen. Sehr viel mehr Überschwemmungen. Da sind sich die Wissenschaftler inzwischen einig.

Die Mächtigen und Einflussreichen dieser Welt sind sich ebenfalls einig, und tun – nichts. Vor die Aufgabe gestellt, zwischen dem Überleben der eigenen Spezies und dem Beibehalten des bisherigen Lebensstils zu wählen, haben sie sich für ihre kapitalistischen Kinkerlitzchen und den Untergang entschieden. Ein Wohlstand, der durch Ausbeutung von kolonialisierten Völkern entstanden ist, soll nun durch Generationenimperialismus – also das Weiterleben wie bisher auf Kosten der eigenen Kinder und Kindeskinder – so lange wie irgend möglich aufrechterhalten werden.

Deren Zukunft sieht düster aus: Die moderne Industriegesellschaft mitsamt ihrer Kultur wird untergehen wie das alte Rom, die Han-Dynastie, die indischen Maurya- und Gupta-Dynastien oder das Maya-Reich.[2] Mit der Hochkultur der Mayas ging es bergab, als für die immer zahlreicher werdende Bevölkerung nicht mehr genug Anbaufläche vorhanden war, um alle zu ernähren. Starke Rodungen hatten zu Bodenerosionen geführt, und was noch übrig geblieben war, war ausgelaugt. Zudem hatten die Rodungen vermutlich eine lokale Klimaveränderung mit verheerenden Dürren ausgelöst. Die Menschheit steht heute einer ganz ähnlichen Situation gegenüber. Nur finden die Veränderungen diesmal auf dem gesamten Planeten statt, und zu Überbevölkerung und Ausbeutung der Ressourcen kommen auch noch Umweltverschmutzung, eine perforierte atmosphärische Schutzschicht, Artensterben und eine Klimaerwärmung von nie gekannter Rasanz. 4 bis 6 Grad werden es bis zum Ende des Jahrhunderts sein, wenn wir weitermachen wie bisher. Bis zu einer Erwärmung von 2 Grad über das vorindustrielle Klima-Niveau[3] hi-

2 »In Anbetracht dessen, was heute auf der Welt passiert (...) finden wir, dass ein Zusammenbruch schwer zu vermeiden ist«, so das Resümee einer interdisziplinären Studie der Universität Maryland von 2014. Gemeint ist der Zusammenbruch unserer Zivilisation.

3 Laut Wikipedia ungefähr der Klimawert von vor 1850.

naus könnte man mit den daraus resultierenden Flutkatastrophen, Dürren, Hungersnöten, Tornadoschäden, Gletscherrückgängen, Ressourcenkonflikten und Flüchtlingsströmen möglicherweise und mit viel Glück noch irgendwie zurechtkommen. Das ist der Grund, warum immer wieder auf dieser 2-Grad-Begrenzung herumgeritten wird.

Was bei einer Erwärmung von 4-6 Grad und damit einem Anstieg des Meeresspiegels um über einen halben Meter auf uns zukommt?

Ein Klima wie in der Dampfsauna, falls es nicht gerade stürmt oder eine monatelange Dürre herrscht, das Versiegen von Flüssen, das Verschwinden von Seen, Überflutungen von Millionenstädten, die rasante Ausbreitung ansteckender Krankheiten, die zuvor nur im tropischen Raum existierten, die völlige Überforderung der Katastrophenschutzorganisationen und der ärztlichen Versorgungseinrichtungen, der Kollaps sozialer Strukturen und rechtsstaatlicher Verhältnisse, die Zerstörung von Infrastrukturen und Sicherungssystemen, dramatische Probleme weltweit bei der Versorgung mit Wasser und Nahrungsmitteln, Anstieg der gewalttätigen Auseinandersetzungen zwischen religiösen, ethnischen und politischen Gruppen, zwischen Clans, Nachbarn, regionalen Banden oder unterschiedlich gut versorgten Bevölkerungsschichten, Mord und Totschlag, Heulen und Zähneklappern. Die Erwärmung um 2 Grad Celsius mit ihren zarten Vorboten der Apokalypse wird dann bereits 2050 eingetreten sein.

In der Tierwelt ist Aussterben nichts Ungewöhnliches. Setzt man in einer Petrischale eine schmutzige Nährlösung an, gedeihen die Bakterien darauf ganz prächtig, vermehren sich und vermehren sich immer weiter, bis sie die ganze Schale füllen. Macht euch die Petrischale untertan! Und dann ist die Nährlösung aufgefressen und die Bakterien gehen allesamt ein. So läuft das. Auch bei größeren Tieren in größeren Habitaten.

Aber gilt das auch für die wunderbar komplexe, soziale und sonderbare Tierart Homo sapiens? Wir formulieren unsere Absichten in Sprache und Schrift, erreichen unsere Ziele mit Autos und befriedigen unsere Wünsche im Internet. Das unterscheidet uns von unseren grunzenden Vettern. Kann unsere Intelligenz, unsere Kultur, unser Wissen uns nicht davor bewahren, den folgenschwersten Fehler unserer Geschichte zu begehen? Anscheinend nicht. Die Erde ist ein gebildeter Stern mit sehr viel Wasserspülung geworden[4], aber

4 Erich Kästner: *Die Entwicklung der Menschheit* (1932)

davon mal abgesehen und bei Licht betrachtet, sind wir noch immer die alten Affen und unsere moderne Industriegesellschaft ist noch immer eine hierarchisch organisierte Primatengesellschaft, die sich an den jahrtausendealten Schimpansenregeln der Herrschaft und Unterdrückung orientiert. Bestrichen mit der Tünche der Zivilisation, aber letztlich Schimpansenregeln. Das erklärt auch, warum der Ton in den oberen Konzernetagen oft genug noch immer der gleiche ist wie seinerzeit auf den Bäumen.[5]

Man macht schließlich nicht deswegen Karriere, weil man intelligenter, kompetenter oder sozialer als andere ist, sondern weil man gemeiner, gieriger, aggressiver und schamloser ist. Abgesehen davon, dass sich ehrgeizige Egoisten sowieso schon häufiger als andere für Jobs bewerben, die mit Macht und Geld einhergehen, sind die Strukturen und Aufstiegsmuster der gegenwärtigen Politik- und Geschäftswelt solchen Leuten geradezu auf den Leib geschneidert. Personalmanager setzen bei der Einstellung von Trainees zwar immer noch

5 Richard Fuld, der letzte Vorstandschef von Lehman Brothers, brüllte gern und häufig Untergebene an, weswegen er den Spitznamen »Gorilla« bekam. Fuld reagierte darauf, indem er in seinem Büro einen ausgestopften Gorilla aufstellen ließ.

ein Hochschulstudium voraus, aber die Abschlussnote ist längst nicht mehr so wichtig, und welches Fach man denn eigentlich studiert hat, oft sekundär. Selbst das Renommee der besuchten Universität zählt kaum. Ausschlaggebend ist die persönliche Einstellung des Bewerbers, sind Eigenschaften wie Einsatzwille bis zur Selbstaufgabe, Risikobereitschaft, unerschütterliches Selbstvertrauen und Durchsetzungsvermögen. Was uns da seit jeher als klassische Unternehmertugend gepriesen wird, würde sich bei genauer Betrachtung aber auch für eine Verbrecherlaufbahn eignen und ist in Wirklichkeit ein Problem. Solange der technische Fortschritt und das Bankwesen bloß ein überschaubares Maß an destruktiven Möglichkeiten boten, war es ein überschaubares Problem. In Zeiten von Globalisierung, Klimawandel, Überbevölkerung, multiresistenten Keimen, Atombomben und unzureichend regulierten Finanzmärkten ist es eine Katastrophe.

»Oh, it's lonely at the top.«

(Randy Newman)

Einsatzbereitschaft

Man muss keine antisoziale Persönlichkeitsstörung haben, um Manager (oder Politiker) zu werden, aber es hat gewisse Vorteile. Für Top-Positionen kommen nämlich nur Bewerber in Frage, die einen 16-stündigen Arbeitstag in Kauf nehmen.[6]

6 Laut Eigenaussage arbeiten deutsche Führungskräfte sehr viel weniger: 50% von ihnen arbeiten 51 bis 60 Stunden pro Woche, 20% 61 bis 70 Stunden und nur 5% über 70 Stunden. Allerdings geben in derselben Umfrage, die von der US-Headhuntingfirma Heidrick & Struggles 2013 an 1225 deutschen Managern durchgeführt wurde, 72% von ihnen an, jede Woche 1 bis 2 Tage auf Reisen zu sein, 42% sagen, dass sie nur 5 bis 6 Stunden Schlaf pro Nacht hätten, und nur 25% von ihnen schalten nach Feierabend das

Immer bereit »to go the extra-mile«, dürfen sie auch nicht aufmucken, wenn noch am Wochenende zusätzliche Leistung gefordert ist. Womöglich kommen noch ständig wechselnde Einsatz- und Wohnorte hinzu. Anfangs geht es alle paar Wochen in eine andere deutsche Konzernniederlassung, danach sechs Monate Indien und zwei Jahre Nigeria. Das Manager-Berufsethos orientiert sich an den »Gesetzen der italienischen Kreuzung: Wer anhält, verliert sofort die Vorfahrt«.[7] Man

Handy aus. Möglicherweise gibt es hier eine Differenz zwischen der gefühlten und der tatsächlichen Arbeitszeit. Auch geht aus der Umfrage nicht ganz hervor, ob es sich um Manager aus der absoluten Führungselite oder von geringerem Kaliber gehandelt hat. Tobias Leipprand, der bis Dezember 2012 Vorstandsmitglied der gemeinnützigen »Stiftung Neue Verantwortung« (fördert interdisziplinäres Denken entlang der wichtigsten gesellschaftspolitischen Themen) war, sagte hingegen: »Den enormen Druck aushalten zu können – das wird zunehmend zum Auslesekriterium für Führungskräfte. Übrigens gilt das nicht nur für die Wirtschaft, sondern auch für den öffentlichen Sektor. Nur wer auf Dauer 18-Stunden-Tage aushält, kommt nach oben.«(Henrik Müller: Führungskräfte: »Erfolg haben die Härtesten, nicht die Besten«, in: *Karrierespiegel,* 19. April 2012)

7 So jedenfalls Dr. Thomas Müller-Kirschbaum, inzwischen Corporate Senior Vice President der Henkel AG, in einem Interview mit dem *Manager Magazin,* zu Zeiten, als er noch Personalleiter war.

muss ein Getriebener sein, um daran Spaß zu haben. Aber wem die Regeln nicht passen, nach denen gespielt wird, der kann ja seinen Ball nehmen und nach Hause gehen. »Probleme, die sich mit Lebenspartnern und deren Karriereplanung ergeben, mit Kindern oder anderen Angehörigen, muss die künftige Führungskraft allein lösen – quasi als Aufgabe eines ›Private Managements‹. Der Erfolg beim Durchsetzen der hierfür gefundenen Strategie gilt im Unternehmen dann als Gradmesser für Führungsqualifikation.«[8] Sprich: Wer seine Ehefrau dazu bringt, auf die Karriere oder gleich ganz auf einen Beruf zu verzichten, und sich auch nicht darum schert, was es für die Kinder bedeutet, schon wieder die Schule zu wechseln und den gesamten Freundeskreis aufzugeben, der hat bei seinen Vorgesetzten schon mal gepunktet. Unser Wirtschaftssystem verlangt von seiner Führungselite, dass es über alle menschlichen Bindungen gestellt wird. Es ist mehr als familienfeindlich. Im Grunde benimmt es sich wie eine fiese Sekte. Dort legt man den frisch rekrutierten Sektenmitgliedern ja auch als Erstes nahe, den Kontakt zu Freunden und Familie abzubrechen. Die Trennung

8 Aus: »Karrieretipps, sechs Schlüsselqualifikationen«, *Manager Magazin online* vom 18. April 2001

vom sozialen Umfeld sichert die Kontrolle über die Wertvorstellungen und das Selbstbild der Sektenmitglieder bzw. Politiker bzw. Führungseliten. Wer am Familienleben nur noch als Zaungast teilnimmt und »da draußen« keine Freunde mehr hat, die einen daran erinnern, was für eine Pfeife man eigentlich ist, verliert schnell die Bodenhaftung. Es gibt ja nur noch die Sekte/Firma und die eigene Karriere darin, also wird man anfällig, die einseitig verzerrte Sicht auf die Welt zu übernehmen, die man in jener Organisation vorfindet, wo der gedankliche und emotionale Austausch fast ausschließlich stattfindet. Banker und Manager entwickeln eigene Verhaltensweisen, eigene Codes, eine eigene Sprache, eigene Lebensräume. Letztlich werden dadurch auch Firmen und ganze Branchen zu Glaubensgemeinschaften. Wer erst einmal zum Inner Circle gehört, dem erscheinen die Meinungen und Einwände Uneingeweihter unendlich nebensächlich. Von solchen Führungskräften muss man nicht befürchten, dass sie bei ökologisch heiklen, aber ökonomisch vielversprechenden Projekten Solidarität mit den von ihrem Projekt betroffenen Menschen empfinden. Warum sollte jemand, der sich der Macht und des Geldes wegen von der Gesellschaft getrennt hat und in völlig anderen Sphären über ihr schwebt, sich großartig für das

Wohl dieser Gesellschaft interessieren oder sich ihren Werten und Gesetzen verpflichtet fühlen?

Weil ein normaler, sozial funktionierender Mensch bestimmte Grundsätze und Regeln verinnerlicht hat?

Das ist richtig, aber sozial intakte Menschen wird man in den Führungsetagen nicht so oft finden. Solche Leute hegen nämlich im Allgemeinen eine starke Abneigung gegen die Vorstellung, dass das Leben nur noch aus Arbeit besteht. Kluge, kompetente und verantwortungsvolle Menschen, die Rücksicht auf die Karriereplanung ihres Lebensgefährten oder ihrer Lebensgefährtin nehmen wollen, Wert auf ein Familienleben und Freunde legen, gern mal ein gutes Buch lesen oder ein weitgefächertes Interessengebiet behalten möchten, werden bei den Stellenvergaben als wenig engagiert und unbeweglich von vorneherein aussortiert. Übrig bleiben diejenigen, denen familiäre und freundschaftliche Bindungen nichts bedeuten, die bereit sind, all das, was man gemeinhin unter Lebensqualität versteht, gegen den unwiderstehlichen Geruch von Geld, Status und Macht einzutauschen. Sie substituieren ihr Herz durch einen Stein – wie beim Hauff. Was sind schon Freundschaft, Liebe, Bildung und Kultur gegen die Aussicht, ein High Performer mit mehreren Millionen Euro Jahresverdienst zu sein?

Das Problem besteht nicht nur darin, dass die Netten aussortiert, sondern auch darin, dass die Falschen angezogen werden. Ein System, das den Bewerbern auf Spitzenpositionen in der Wirtschaft außer unheimlich viel Geld, Ansehen und Einfluss nichts weiter zu bieten hat und von ihnen erwartet, nahezu komplett auf ein Privatleben zu verzichten, selektiert nicht nur die ehrgeizigsten, sondern auch die raffgierigsten, rücksichtslosesten und niederträchtigsten Charaktere in diese Positionen. Hedgefondsmanager, die Firmen zerlegen, Spekulanten, die auf Lebensmittelpreise und sinkende Kurse wetten, Wirtschaftsführer, die Massenentlassungen mit einem Achselzucken erledigen. Natürlich muss nicht jeder, der sich auf eine Trainee-Stelle bewirbt, ein emotionaler Low Performer sein. Manche wollen es mit ihrer Berufswahl vielleicht bloß dem hartherzigen Vater oder der ehrgeizigen Mutter recht machen – oder ihre alternativ lebenden Gutmenschen-Eltern vor den Kopf stoßen. Manche denken vielleicht, dass so ein Job eine Möglichkeit ist, ihre Männlichkeit unter Beweis zu stellen, oder sie haben einmal eine derartige Demütigung erlitten, dass sie Sicherheit in der Macht suchen. Und natürlich kann man auch nicht ausschließen, dass es drei oder vier Menschen auf der Welt gibt, die sich deswegen einen einseitigen Angeberjob wie

Börsenhändler aussuchen, weil sie sich nun einmal leidenschaftlich für Hedgefonds und Diskontsätze an sich interessieren. Was auch immer die Motive sein mögen: Diejenigen, die einen solchen Job am meisten wollen und am meisten dafür zu opfern bereit sind, müssen deswegen nicht zwangsläufig die Geeignetsten dafür sein. Fakt ist, dass von Macht, absurd hoch bezahlten Jobs und der Aussicht, sich auf kaum regulierten Märkten austoben zu können, auch emotional schwer gestörte Menschen angezogen werden. Psychopathen zum Beispiel. Psychopathen werden davon geradezu magnetisch angezogen und tummeln sich überproportional häufig in Chefetagen und allerhöchsten Ämtern. Nach dem amerikanischen Wirtschaftspsychologen Paul Babiak beträgt der Anteil bei US-Managern etwa 8 Prozent.[9] Eine höhere Psychopathen-Dichte als in Politik und im oberen Management findet sich nur noch in den Hochsicherheitstrakten amerikanischer Gefängnisse. Das ist jetzt nicht ganz so schlimm, wie es sich im ersten Moment anhört. Es bedeutet nicht, dass es in Politik, Bankwesen und Chefeta-

9 Gerhard Dammann: *Narzissten, Egomanen, Psychopathen in der Führungsetage: Fallbeispiele und Lösungswege für ein wirksames Management*, Hauptverlag, Bern, Stuttgart, Wien 2007

gen nur so von grausamen Sexualstraftätern oder kaltblütigen Serienmördern à la Hannibal Lecter wimmelt. Psychopathen neigen zwar zu Gewalttätigkeit und Kriminalität, sie sind voll von Neid, Hass und Verachtung für andere – von Psychologen werden sie auch gern als Raubtiere in Menschengestalt bezeichnet –, aber nicht bei allen sind sämtliche Ventile voll aufgedreht.[10] Ihre eigentlichen Kerneigenschaften sind kompromissloser Eigennutz und Skrupellosigkeit, der hemmungslose Gebrauch anderer Menschen. Sie lügen, dass sich die Balken biegen, und das Einhalten von Recht und Gesetz ist für sie bloß eine Möglichkeit von vielen. Sie haben buchstäblich kein Gewissen, aber dafür ein grandioses Selbstbewusstsein. Und sie lieben Macht, Geld und das Zufügen von Leid aller Art. Es muss ja nicht immer gleich ein Tötungsdelikt sein, auch Mobbing kann viel Vergnügen bereiten. Wenn man sich einigermaßen intelligent anstellt und im richtigen Stadtteil aufgewachsen ist, muss ein ruchloses Naturell nicht unweigerlich zu einer kriminellen Karriere führen. Banker oder Bankräuber – das ist manchmal nur eine Frage der Umstände. Die sogenannten »erfolgreichen« oder auch »funktio-

10 Je höher ein Psychopath auf der Karriereleiter steigt, desto mehr dreht er allerdings oft psychopathisch auf.

nellen« Psychopathen weisen zwar die Merkmale einer psychopathischen Persönlichkeit auf, insbesondere die Skrupellosigkeit, aber ihre Mittel sind andere. Statt aufgeschlitzter Leichen säumen bloß zertrampelte Seelen, zerstörte Existenzen oder völlig legal ruinierte Firmen ihren Weg. Ihr schwarzes Herz verbergen sie hinter großem Charme. Manche von ihnen kommen auch bloß deswegen nicht mit dem Gesetz in Konflikt, weil sie sich nicht erwischen lassen. Der berühmte englische Forensiker und Psychologe Paul Britton[11] ist der Ansicht, dass sich bei vielen Führungskräften aus der Wirtschaft die gleichen psychopathischen Muster nachweisen lassen wie bei Serienmördern. »Jim Kouri, der Vizepräsident der US National Association of Chiefs of Police, sieht das ähnlich. Eigenschaften, die man häufig bei psychopathischen Serienkillern antrifft – ein grandioses Selbstwertgefühl, Überzeugungskraft, oberflächlicher Charme, Rücksichtslosigkeit, fehlende Reue und die Fähigkeit, andere Menschen zu manipulieren –, sind, so Kouri, auch unter Politikern und Führungspersönlichkeiten weit verbreitet.«[12]

11 Das Vorbild für den Psychologen aus der Fernsehserie »Für alle Fälle Fitz«.

12 Kevin Dutton: *Psychopathen*, Deutscher Taschenbuchverlag, 2013

In einem Vergleich der in einem Persönlichkeitstest ermittelten psychopathischen Merkmale von englischen Führungskräften und den Insassen des britischen Broadmoor Hospitals, in dem einige der gefährlichsten Kriminellen Großbritanniens untergebracht sind, lagen die Chefs sogar vorn. Doch um Serienkiller zu werden, müssen Psychopathen auch noch extrem sadistisch veranlagt sein, und das sind die allerwenigsten. Ein Glück für uns, denn es gibt mehr von ihnen, als man glauben möchte. Etwa 1% der Menschheit ist so veranlagt. In Deutschland laufen also immerhin fast eine Million herum.[13] Sie sind überall, in allen möglichen Berufen. Tendenzen zu Dominanz kann man ja notfalls auch als Polizist ausleben, als Altenpfleger oder Masseur findet man leicht kontrollierbare Opfer und im Fernsehen kann man sein übersteigertes Selbstwertgefühl pflegen. Man darf getrost davon ausgehen, dass man schon diversen Psychopathen über den Weg gelaufen ist und auch mit dem einen oder anderen bereits näher zu tun hatte – meist ohne es zu bemerken. Wenn man Pech hat, ist der eigene Ehepartner einer. Wie gesagt: Psychopathen können sehr charmant und liebenswürdig daher-

13 6 bis 10% davon sollen Frauen sein, die allerdings nicht alle Kriterien erfüllen.

kommen. Von dieser hübschen Fassade abgesehen, sind sie jedoch eher unangenehm: manipulative Individuen, die nur die Befriedigung ihrer eigenen Bedürfnisse kennen. Die Ursache liegt in ihrem Gehirn. Es handelt sich um einen Defekt im paralymbischen System, das für Impulskontrolle sorgt und moralische Entscheidungen trifft. Dort werden unsere Erfahrungen an Gefühle gekoppelt. Bei Psychopathen ist dieser Hirnbereich weniger aktiv und strukturell schwächer. Sie sind gar nicht in der Lage, Reue, Scham oder Mitgefühl zu empfinden. (Ein Fehler an der Amygdala.)

Psychopathen sehen das natürlich anders. Die Normalen haben den Defekt, sie selber sind viel vorteilhafter ausgerüstet. Können sie doch täglich beobachten, wie das Konzept von Gewissen und Gefühl normal empfindende Menschen zu leichter Beute macht und wie angenehm es sich hingegen ohne Mitleid und ohne Schuld- und Reuegefühle lebt.

Ganz einig ist sich die Forschung nicht, aber die meisten Wissenschaftler halten Psychopathie für angeboren und unheilbar. Menschenfreundliche, soziologische Theorien, nach denen Individuen bloß deshalb erhöhte Aggressivität und vermindertes Mitgefühl zeigen, weil sie als Kinder selber nicht genug emotionale Zuwendung bekommen haben, sodass man mit ihnen die Kindheit bloß therapeutisch aufarbeiten muss, um sie wieder zu angenehmen Mitgliedern unserer Gesellschaft zu machen, kann man bei ihnen vergessen. Das wäre, als versuchte man, Darth Vader zu therapieren.[14] Die psychopathische Persönlichkeitsstörung entspricht nämlich dem personifizierten Bösen, wie wir ihm in der Bibel (Satan), in Tolkiens *Herr der Ringe* (Sauron) oder in den Harry-Potter-Büchern (Voldemort) begegnen: Individuen, die ohne Skrupel eine beständige Vergrößerung ihrer Macht über möglichst viele Wesen anstreben und die Interessen anderer grundsätzlich nicht berücksichtigen.

»Man sollte erwarten, dass Merkmale, die auf tyrannisches oder ausbeuterisches Verhalten hindeuten, für die Unternehmensvertreter so offensichtlich sein müssen, dass wichtige Stellen solchen Bewerbern von vorneherein versperrt bleiben«, wundern sich die amerikanischen Psychologen Ba-

14 Einige mögen einwenden, das Beispiel Darth Vader passe nur suboptimal, weil Lord Vader sich in seinem letzten Kampf wieder auf die helle Seite der Macht geschlagen, den Imperator in den Reaktorschacht des Todessterns geworfen und seinen Sohn gerettet habe. Da diese späte Reue aber nicht durch Therapie herbeigeführt wurde, lasse ich den Satz trotzdem stehen.

biak und Hare. »Nach den Fällen, die wir untersucht haben, sieht die Wirklichkeit jedoch anders aus.«[15]

Psychopathische Verhaltensweisen werden in vielen Unternehmen, in der Politik und sogar in der Unterhaltungsbranche offenbar mit Alphatier-Verhalten verwechselt und als Führungsqualitäten angesehen. Emotionale Defizite wie Leichtsinnigkeit, Selbstüberschätzung, Rücksichtslosigkeit und kaum vorhandenes soziales Interesse ähneln ja auch fatal den gewünschten Unternehmertugenden Risikobereitschaft, Selbstvertrauen, Durchsetzungsfähigkeit und unbegrenzter Einsatzwille. Wenn dann plötzlich ein aggressives, maßlos dominantes oder rüpelhaftes Verhalten zutage tritt, halten unbedarfte Menschen das gern für Charisma oder genialische Unangepasstheit. Für eine Persönlichkeit ohne Scham und Reue ist ein solches Verhalten jedoch kein Zeichen von unbeugsamem Willen, sondern die Standardeinstellung. Es ist so wenig eine Leistung, wie wenn sich der Träger einer Beinprothese einen Nagel unterhalb des Knies einschlägt. Da ist nichts, was wehtun könnte. Dazu gehört keine Überwindung. Manager, die sich

15 Babiak/Hare: *Menschenschinder oder Manager. Psychopathen bei der Arbeit,* Carl Hanser Verlag 2007

so benehmen, sind keine Rebellen, sondern nur auf eine besonders unangenehme Art plemplem. Aber ausgerechnet Charaktermerkmale wie geringe Verträglichkeit, starke Egozentrik und Teamunfähigkeit gehen in Konzernen häufig mit einem Karriereschub einher, werden durch ein höheres Gehalt nicht nur gefördert, sondern geradezu gefordert. Und da Psychopathen die Empathie fehlt, können sie ihre Ziele ohne Wenn und Aber verfolgen und legen oft steile Karrieren hin. Deswegen wimmelt es in Vorstandsetagen, im Bundestag und an der Börse von einnehmenden, charmanten und eloquenten Personen mit einem beträchtlichen Selbstwertgefühl, die – falls sie bei einer ihrer Machenschaften erwischt werden – die Verantwortung rundheraus von sich weisen.

Solch ein Weißer-Kragen-Psychopath – vollkommen skrupellos, ohne gewalttätig zu sein – ist beispielsweise der US-Amerikaner Bernard L. »Bernie« Madoff. Der ehemalige Finanz- und Börsenmakler richtete mit seiner Investmentfirma wissentlich einen Schaden von mindestens 65 Milliarden Dollar an – insbesondere bei wohltätigen Stiftungen. Da Madoff und seine Frau Ruth im Vorstand mehrerer Stiftungen, kultureller Vereinigungen und Colleges saßen und diese auch mit großzügigen Spenden unterstützten, haftete ihnen das Image seriöser Wohltäter an, bei denen vor allem gemeinnützige Stiftungen ihr Geld gut aufgehoben glaubten. Zumal Madoff sich niemandem aufdrängte. Auf einen Termin bei ihm mussten selbst Hollywoodstars Monate warten. Er versprach auch keine abwegigen und misstrauisch machenden Supergewinne, sondern zahlte zuverlässig einen jährlichen Ertrag zwischen 8 und 12% aus. Das Geld für die angebliche Rendite nahm der Milliardenbetrüger aus immer neuen Kundeneinlagen. Investitionen wurden in Wirklichkeit niemals getätigt. Das Einzige, was an Bernie Madoff hätte stutzig machen können, war ausgerechnet der Teil seiner Persönlichkeit, der am wenigsten psychopathisch war. Madoff arbeitete nicht so viel, wie erfolgreiche Börsenmakler das normalerweise tun, sondern war ein ausgesprochener Familienmensch. Da er in Wirklichkeit gar nichts tat, außer Zeitungen durchzublättern und Restaurantkritiken auszuschneiden, konnte er immer schon am Nachmittag Feierabend machen, um mit seiner Frau ins Kino zu gehen. Ab und zu nahm er natürlich auch noch neues Geld entgegen, das er dann in Kartons und Papierkörben aufbewahrte. Erst als ein Kunde mehrere Milliarden Einlage zurückforderte, flog Madoff auf. Die Liste der Geschädigten ist 162 Seiten lang – Stiftungen, Universitäten, Privatanleger und Banken auf der ganzen Welt. Verschiedene karitative Einrichtungen gingen bankrott und mussten wegen Madoff die Unterstützung Bedürftiger einstellen. Mehrere Menschen brachten sich seinetwegen um, darunter sein ältester Sohn, der im nichtkriminellen Zweig der Firma gearbeitet hatte. Der Richter, der Madoff zu 150 Jahren Gefängnis verurteilte, bezeichnete seine Taten als »äußerst bösartig«.

Was in Bernie Madoffs Hirn vorgeht, beziehungsweise nicht vorgeht, zeigt anschaulich seine Reaktion auf den wütenden und vorwurfsvollen Brief, den seine Schwiegertochter ihm ins Gefängnis geschickt hatte. Sie hatte versucht, ihn zu verletzen, indem sie ihm ausmalte, was er von nun an und für alle Zeiten verpassen würde, dass er seine Enkelkinder nie wiedersehen würde, usw. usf. Madoff schrieb zurück, dass es ihm ausgesprochen gut gehe und das Gefängnis in Carolina ihn eigentlich eher an einen Campus erinnere.

»Wie du dir denken kannst, bin ich hier ein ziemlicher Promi. (…) es ist wirklich süß, wie besorgt jeder um mein Wohlbefinden ist, selbst die Wachen.«[16]

16 »As you can imagine, I am quite the celebrity, (…) It's really quite sweet, how concerned everyone is about my

Solange Psychopathen ihr zerstörerisches Verhalten in den Dienst der Firma stellen und rücksichtslos Gewinne einfahren, feiert man sie als effiziente Mitarbeiter. Allerdings können Menschen mit diesem Funktionsdefizit sich meist nicht lange beherrschen und richten ihre Bosheit irgendwann auch gegen den eigenen Betrieb, betrügen den Vorstand, ruinieren die ganze Firma oder tyrannisieren Untergebene. »Tatsächlich kreist oft der gesamte Untergebenenapparat um die Störungen eines Chefs, weil alle denken, dass der Laden ja irgendwie weiterlaufen muss. Und auf diese Weise wird das gestörte Verhalten permanent bestätigt. (...) Und weil sie so mächtig sind (...) wagt eben niemand mehr, sie auf ihr krankhaftes Verhalten anzusprechen.«[17] Der enorme volkswirtschaftliche Schaden, den Psychopathen in Führungspositionen anrichten, ist ein so großes Problem, dass immer mehr Firmen dazu übergehen, spezielle Tests für die Auswahl von Führungskräften zu entwickeln, mit denen man Personen mit ungünstigen Charaktermerkmalen und wenig Integrität früh-

well being, including the staff.« (Rhee/Druckerman: ›Like a Mafia Don‹: Bernie Madoff's boastful letter to angry Daughter-in-law, *ABC News*, 20. Oktober 2011)

17 Der Hirnforscher Gerhard Roth im Interview »Messfühler ins Unbewusste«, *Der Spiegel*, 7/2014

zeitig identifizieren und herausfiltern kann. Wohlgemerkt: Es geht nur darum, echte Psychopathen auszusortieren. Persönlichkeitsmerkmale wie Gier, maßloses Selbstbewusstsein, ausgeprägte Aggressionen, Risikobereitschaft, Hang zu Kungelei und verkümmertes Sozialverhalten werden weiterhin nicht als Problem gesehen. Manager, die für kurzfristige Vorteile und Gewinnzuwächse der Firma langfristige, nicht wiedergutzumachende Schäden an Umwelt und Menschheit in Kauf nehmen, will man immer noch dabeihaben.

Der Forensiker Thomas Noll und Pascal Scherrer (vom Schweizer Radio DRS) haben an der Universität St. Gallen mit 28 professionellen Aktienhändlern ein Experiment wiederholt, welches zuvor an der Universität Regensburg mit 24 Psychopathen aus einer geschlossenen Anstalt und 24 Männern aus der allgemeinen Bevölkerung durchgeführt worden war. Anhand einer Computersimulation, in der es darum ging, mit einem virtuellen Gegenspieler knappe Wasserressourcen zu teilen, wurden Egoismus und Kooperationsbereitschaft getestet. Es blieb der jeweiligen Testperson überlassen, ob sie beim virtuellen Wasserholen jedes Mal gerecht teilte oder ob sie ab und zu versuchte, den anderen zu übervorteilen. Oder auch öfter. Nur musste die Testperson dann damit rechnen, ebenfalls übervorteilt zu werden, sodass auch ein skrupelloser Spieler sich überlegen musste, wie oft er betrügen wollte, damit es sich noch lohnte. Die hässliche Annahme war, dass Profi-Trader sich ähnlich rücksichtslos und egoistisch wie Psychopathen verhalten würden, dabei aber bessere Erfolge erzielten. Das Ergebnis übertraf die üblen Erwartungen. Die Trader benahmen sich noch asozialer, egoistischer und risikobereiter als die Kontrollgruppe aus der geschlossenen Anstalt.

»Natürlich kann man die Händler nicht als geistesgestört bezeichnen«, sagte Noll gegenüber dem *Spiegel*, aber sie »erzielten wider Erwarten dabei sogar weniger Gewinn« als die Psychopathen. Wer also glaubt, an der Börse gehe es einigermaßen rational zu, irrt womöglich. Statt sachlich und egoistisch auf den größten Gewinn hinzuarbeiten, »ging es den Händlern vor allem darum, mehr zu bekommen als ihr Gegenspieler. Und sie brachten viel Energie auf, diesen zu schädigen.«[18]

18 Bei 40 ›Runden‹ Wasserholen betrogen sie im Durchschnitt 12,3-mal, während die Psychopathen nur 4,4-mal ihren Gegenspieler zu übervorteilen versuchten. Bei den Männern aus der allgemeinen Bevölkerung wollte (durchschnittlich) nur jeder Fünfte betrügen und dann auch nur einmal. Wer immer ehrlich blieb, bekam in den 40 Runden

Das Einzige, womit sie vorn lagen, war, dass der virtuelle Gegenspieler bei ihnen am allerwenigsten Wasser abbekam. Die Trader benahmen sich, als hätte der Nachbar das gleiche Auto, »und man geht mit dem Baseballschläger darauf los, um besser dazustehen«.

Ein Psychopathietest, der hinterher bei allen 28 Aktienhändlern durchgeführt wurde, ergab jedoch, dass kein einziger von ihnen ein Psychopath war. Psychopathische Börsenhändler wären wohl auch nicht so unvorsichtig gewesen, freiwillig an einem solchen Experiment teilzunehmen. Eisenharte Profi-Trader vermutlich auch nicht.[19] Dies waren die echt netten Kerle, vielleicht die kooperativsten, die man an der Börse hatte finden können. Sie wiesen sogar geringere Psychopathie-Werte auf als die Kontrollgruppe der normalen Männer.[20] Wie konnte

genau 200 Liter Wasser. Die Psychopathen ergatterten 204 Liter, die Börsenhändler 202. Info aus: Habermacher, Kirchgässner: »Sind Wertpapierhändler schlimmer als Psychopathen?«, *Ökonomenstimme*, 28. Oktober 2011.

19 Auf *Spiegel online* fragte dann auch muwe6161: »Wie viele Börsenhändler waren so grenzenlos dumm, ein Psychogramm von sich herstellen zu lassen? Alle entlassen!«

20 Allerdings zeigten sie in einzelnen Subskalen sehr hohe Werte, zum Beispiel bei Egoismus, Risikobereitschaft und bei der Subskala, die die Tendenz misst, Fragen unrichtig zu beantworten.

es sein, dass die netten Kerle signifikant noch weniger kooperierten als Psychopathen unter den gleichen Voraussetzungen? Wieso gönnten sie ihrem Gegenspieler keinen einzigen Schluck Wasser?

Vermutlich handelte es sich um sogenannte Sekundärpsychopathen. Das gibt es: Menschen mit normalen Gehirnen, die sich wie Psychopathen benehmen, ohne deren Kaltblütigkeit zu besitzen. Zu den echten Psychopathen, den Persönlichkeitstätern, bei denen Gier, Gewalttätigkeit und Skrupellosigkeit in der Veranlagung liegen und die aktiv Situationen suchen, in denen sie ihre Niederträchtigkeit austoben können, kommen auch noch Situationstäter, die eigentlich ganz lieb sind, dann aber irgendwie unter schlechten Einfluss geraten.

Eine gewalttätige Gang zum Beispiel wird meist von Psychopathen gegründet und zieht automatisch andere Psychopathen an, die ja liebend gern mitmachen, wenn es darum geht, Leute in Angst und Schrecken zu versetzen. Hat die Psychopathenbande dann erst einmal eine bestimmte Größe und Macht erreicht, können die nichtpsychopathischen Jugendlichen, die in ihrem Revier leben, sie nicht mehr ignorieren. Sie müssen sich entscheiden, ob sie fortan ein potenzielles Opfer dieser Gang oder selbst Mitglied sein wollen. Ein Aufnahmeritual stellt sicher, dass die neuen Bandenmitglieder das psychopathische Wertesystem des Anführers übernehmen. Sie werden zu sekundären Psychopathen, deren Gehirne zwar keine Auffälligkeiten zeigen, die sich aber genau wie Psychopathen benehmen.

Es gehört nicht viel Phantasie dazu, solch einen Ablauf aus dem Kontext krimineller Populationen in den eines Konzerns zu übersetzen: Der von Geld, Macht und unregulierten Märkten angezogene Psychopath bewirbt sich in einer Firma oder Bank. Dank seiner Charakterdefizite – Rücksichtslosigkeit, Schamlosigkeit und mangelndes Mitgefühl –, die hier als Siegerqualitäten angesehen werden – Durchsetzungsfähigkeit, Selbstsicherheit und die Fähigkeit, schwierige Entscheidungen zu treffen –, lässt er seine nicht-psychopathischen Mitbewerber weit hinter sich.

Hat der Psychopath den Chefsessel erst einmal erreicht, dreht er psychopathisch erst richtig auf und der ganze Konzern muss wie in einer kriminellen Gang das Moralgesetz und die normativen Verhaltensweisen des Anführers übernehmen. Altmodische Normen wie Fairness oder unternehmerische Sozialverantwortung werden abgeschafft. Von nun an gibt es nur noch unternehmerische Gleichgültigkeit gegenüber den Folgen des eigenen Handelns. Wer in diesem Unternehmen arbeiten und aufsteigen will, muss sein Gewissen an der Garderobe abgeben. Schamlosigkeit, Rücksichtslosigkeit und die Abwesenheit von Mitleid sind jetzt die Grundvoraussetzungen, um eine Spitzenposition zu besetzen.

Besonders gut funktioniert ein solches Vorgehen in der Finanzwirtschaft, wo die Aktivitäten noch mehr aufs Geld fokussiert sind als in anderen Unternehmen.

Clive R. Boddy, emeritierter Professor an der Nottingham Business School, vermutet[21], es seien Psychopathen gewesen, die die globale Finanzkrise verursacht haben. Sie hätten dabei die »relativ chaotische Natur des modernen Unternehmens« ausgenutzt, das durch raschen Wandel, ständige Erneuerung und eine hohe Fluktuation des Schlüsselpersonals gekennzeichnet ist, was die Zuordnung von Fehlern erschwert und ein ideales Biotop ist, um kriminelle Machenschaften zu verschleiern. Psychopathen mussten unter solchen Voraussetzungen einfach Erfolg haben. Und je erfolgreicher die Psychopathen waren, umso mehr wurde ihr Verhalten kopiert und zur Norm. Im sowieso schon seit Jahrhunderten zu Gier und Korruption neigenden

21 Im *Journal of Business Ethics*, Nr. 2, 2011

Bankwesen begann eine Ära der Wirtschaftskriminalität. Durch die immer undurchsichtiger werdenden Geschäftsvorgänge wurde es immer leichter, Betrug zu verschleiern und Wertpapiere zu verkaufen, von denen schließlich nicht einmal die Banken selber noch wussten, was sie denn eigentlich beinhalteten. Investitionsschwindel, Fehlurteile, Missmanagement, Veruntreuung und sonstiger Betrug sprengten jede Dimension. Mit der Jahrtausendwende hatten sich die Möglichkeiten zur Selbstbereicherung optimiert. Woraus man leichtfertig folgern könnte, dass dies der Zeitpunkt war, an dem die Psychopathen die ganze Branche mehr oder weniger übernommen hatten. Verschleierung und Rechtsbeugung wurden alltäglich. Im September 2008 erreichte die Finanzkrise mit dem Zusammenbruch der Investmentbank Lehman Brothers ihren vorläufigen Höhepunkt, die Aktienkurse gingen in den Keller, weitere Banken konnten nur mit Steuergeldern ihrer jeweiligen Staaten gerettet werden und die schwerste Rezession der Nachkriegszeit begann. In den Pappkartons, mit denen man die Londoner Lehman-Brothers-Angestellten aus ihrem Büroturm kommen sah, sollen sich übrigens keine Akten, sondern Milky-Way-Schokoriegel befunden haben. Die arbeitslos gewordenen Banker hatten noch schnell die Kantine geplündert.

Nicht alle mussten sich mit Schokoriegeln trösten. Fred Goodwin, der die Royal Bank of Scotland praktisch in den Ruin geritten hatte – sie musste mit 45 Milliarden Pfund Steuergeldern gerettet werden –, verließ sie mitten in der Finanzkrise und ließ sich eine Abfindung von 16 Millionen Pfund auszahlen. Seine jährliche Pension von der RBS beträgt 700 000 Pfund. Irgendwie haben die Banker es hinbekommen, dass ihre Banken zwar weltweit mit Milliardenbeträgen gerettet, aber nur wenige verstaatlicht wurden, sodass weiterhin niemand überwachen kann, was die neuen prächtigen Führungskräfte jetzt mit dem Geld anstellen. In Amerika kam dazu noch die drollige Situation, dass der ehemalige Goldman-Sachs-CEO[22] Henry Paulson, der 2006 von George W. Bush zum Finanzminister gemacht worden war, 2008 dann die Finanzkrise managen musste, die er selbst mitverursacht hatte. Inzwischen zocken die Investmentbanker längst wieder mit Millionenbeträgen und teilen einen Großteil der Gewinne unter sich auf. 2012 zahlten allein die Wall-Street-Banken ihren Managern Sonderzuwendungen in Höhe von 20 Milliarden Dollar aus. Niemand gibt gern Geld ab, und Bankern fällt das noch schwerer, weil sich ihr Status weniger über Kompetenzen, Titel und Rang,

22 Chief Executive Officer

sondern fast ausschließlich über Geld und die dafür erhältlichen Statussymbole definiert.

Zwar versucht die Politik ein wenig zu bremsen, indem sie eine Trennung zwischen Geschäfts- und Investmentbank fordert. Die EU will die Boni sogar auf das Zweifache des Festgehalts begrenzen. Allerdings beinhaltet diese Einschränkung bereits die Lösung für die Freunde der Selbstbereicherung: einfach die Fixgehälter entsprechend anheben, und schon lassen sich die Boni ohne Weiteres auf dem alten Stand halten. Die Lümmel von der Deutschen Bank AG werden zum Nachsitzen in Ethikseminare geschickt, wo sie sich dann gegenseitig mit Krampen beschießen können, während der Unterrichtsstoff an ihnen abperlt wie Wassertropfen an einem Lotusblatt. Die neuen Werte des Geldinstituts lauten Integrität, Nachhaltige Leistung, Kundenorientierung, Innovation, Disziplin und Partnerschaft. Da sich die neue Bankführung zehn Monate Zeit genommen hat, auf diese bahnbrechenden Banalitäten zu kommen, kann man das eigentlich nur als Eingeständnis werten, woran es bisher gemangelt hat.[23] Obwohl man sicher nicht ganz falschliegt,

23 Unsere Werte und Überzeugungen, Homepage Deutsche Bank – Vision und Marke, und S. Jost: »Deutsche Bank gibt sich einen neuen Wertekodex«, *Die Welt*, 24. Juli 2013

wenn man bei Börsenspekulanten und Bankbossen eine etwas andere Persönlichkeitsstruktur vermutet als beim Durchschnittsbürger, ist es natürlich trotzdem unseriös, ihnen vielfach Psychopathie zu unterstellen, dafür gibt es schließlich keine wissenschaftlichen Beweise. Auch der Tübinger Neurobiologe Niels Birbaumer bedauert: »Ich bin sicher, dass ein erheblicher Teil der Topmanager Psychopathen sind, aber ich kann es nicht beweisen. Dafür müsste ich sie in den Kernspintomografen stecken.«

Wer sich also keine Verleumdungsklage zuziehen will, sollte sich hüten, Führungskräften so etwas zu unterstellen, etwa dem letzten Lehman-Brothers-CEO Richard Fuld, bloß weil sich im Nachhinein herausstellte, dass die gewaltigen Gewinnsteigerungen, die er anfangs für die Bank erzielte, an unkalkulierbare und ebenso gewaltige Risikosteigerungen gekoppelt waren. Oder weil er einmal in einem internen Firmenvideo irgendwelchen Konkurrenten androhte, ihnen das Herz bei lebendigem Leib herauszureißen und zu verschlingen. Oder weil er während des Hockeyspiels seines Sohnes den Vater eines Gegenspielers verprügelte. Oder weil er, bevor er 1969 bei Lehman Brothers einstieg, seine Karriere bei der amerikanischen Luftwaffe beendet hatte, indem er sich mit seinem

Vorgesetzten prügelte.[24] Fuld wäre dieser Beschreibung nach sowieso eher ein Soziopath.[25] Auch nach Ansicht des New Yorker Psychiatrieprofessors Michael Stone sind superreiche Menschen, die ihr Geld sehr schnell gemacht haben – »Hedgefonds-Leute, Börsenmanipulateure und so weiter« –, im Allgemeinen »narzisstische Soziopathen, die viel Bewunderung brauchen«. Stone behandelt nicht nur die Kinder und Ehefrauen New Yorker Milliardäre – »oft ziemlich verkommene Leute (die Milliardäre A.d.A.)« –, sondern analysiert auch Serienmörder.

Aber um wenigstens noch eine Stimme zu Gehör zu bringen, die nicht an das Böse im Banker glaubt: Die Wirtschaftswissenschaftlerin Ruth McKay von der Carlton Universität meint, dass es sich bei Wirtschafts- und Finanzbetrügern eher um Menschen handelt, die etwas kompensieren müssen, die berühmte schwere Kindheit zum Beispiel. Oder dass sie nach Anerkennung hungern. »Man kann

24 Mirjam Hauck: »Vom Gorilla zum Psychopathen«, *Sueddeutsche.de,* 14. September 2013, und Heike Buchter: »Auf der Suche nach Richard Fuld«, *Zeit Online,* 12. September 2013, und *wikipedia.org*: »Richard Fuld«.

25 Soziopathen können sich im Gegensatz zu den charmanten Psychopathen nicht so benehmen, dass sie sich in eine Gemeinschaft einfügen.

sagen, dass ihr Verhalten dem von Süchtigen[26] ähnelt«, insbesondere am Ende, wenn die Wahrnehmung der Täter und die Realität immer weiter auseinanderklaffen. Am meisten dann wohl dem von Spielsüchtigen, die ja auch immer hoffen, mit einem größeren und dann noch größeren Einsatz die bisherigen Verluste auf einen Schlag wieder wettmachen zu können.[27] Das also passiert, wenn bei der Besetzung von Spitzenjobs die Zauderer und Bedenkenträger aussortiert werden und stattdessen Wert auf Entscheidungsfreude und Risikobereitschaft gelegt wird. Womit wir auch schon bei der zweiten Unternehmertugend angekommen wären.

26 Mehr oder weniger sind wir das natürlich alle, weil wir mit dem Ausstoß von Glückshormonen auf angenehme Erfahrungen wie Sex, Schokolade oder Börsengewinne reagieren und diese Erfahrungen darum wiederholen wollen.

27 »Ein Haussetrottel verträgt eher Verluste, wenn die Börse zurückgeht, als versäumte Gewinne, wenn sie steigt und er nicht dabei ist. … Eine Aktie kann schließlich um 1000 oder auch 10 000 Prozent steigen, aber nur um maximal 100 Prozent fallen.« (André Kostolany: *Der große Kostolany*, Ullstein, Berlin 2005)

»Die Ingenieure sollen leben!
In ihnen kreist der wahre Geist der allerneusten Zeit,
dem Fortschritt ist ihr Herz ergeben.«

(Heinrich Seidel: Ingenieurslied)

»In wichtigen Dingen genügt es manchmal,
das Richtige gewusst und unterlassen zu haben.«

(Harry Rowohlt)

Risikobereitschaft

Kurz bevor am 16. Juli 1945 in der Wüste von New Mexico der erste Atombombentest stattfand, machte Enrico Fermi, einer der beteiligten Kernphysiker, einen launigen Vorschlag: Er wollte wetten, ob die bevorstehende Explosion wie erwartet und erhofft ablaufen würde oder ob durch eine ungebremste Kettenreaktion die gesamte Erdatmosphäre Feuer finge. Leise Zweifel bestanden tatsächlich. Berechnungen hatten jedoch ergeben, dass die Wahrscheinlichkeit, der entzündete Luftsauerstoff könne mit anderen Atmosphärengasen immer weiter und weiter reagieren und dabei den ganzen Planeten abfackeln, weniger als drei zu einer Million betrage. »Wenn die Wahrscheinlichkeit größer gewesen wäre«, versicherte Arthur Holly Compton, der Leiter der Plutoniumsforschungsabteilung später, hätte man nicht riskiert, »den letzten Vorhang über die Menschheit fallen zu lassen«.[28]

Nun ist eine geringe Wahrscheinlichkeit aber nicht mit einem geringen Risiko gleichzusetzen, wie einem jede Versicherungsgesellschaft erklären kann. Dort wird als Kalkulationsgrundlage für ein Risiko die Eintrittswahrscheinlichkeit mit der zu erwartenden Schadenshöhe multipliziert. Beim Atombombenversuch wäre das also eine Chance von drei zu einer Million[29] multipliziert mit der Möglichkeit, dass der gesamte Planet und alles was darauf kreucht und fleucht, in Schutt und Asche gelegt werden könnte. Angesichts dieser Tragweite war das Risiko, das von einer Handvoll selbstbewusster Physiker und Politiker als akzeptabel eingestuft wurde, dann auch wieder nicht sooo klein.[30]

28 »Letzter Vorhang«, in: *Der Spiegel* 1/1996

29 Im treuen Glauben, dass bei den Berechnungen alle Eventualitäten bedacht wurden, obwohl bei sehr hohen Bombenenergien der Wert eines bestimmten Faktors mit großer Unsicherheit behaftet ist.

30 Lottospieler setzen ihr Geld auf weit geringere Eintrittswahrscheinlichkeiten – beim Knacken des Jackpots etwa beträgt sie 1:140 Millionen. Selbst die Wahrscheinlich-

Zumal es nicht das erste Mal gewesen wäre, dass in der Geschichte der Experimentalphysik ein Versuch völlig unerwartete und verblüffende Ergebnisse gezeitigt hätte. Jedes Experiment ist per Definition ein Ereignis, dessen Folgen wir nicht kennen. Deswegen macht man es ja und deswegen heißt es ja auch »Abenteuer Forschung«. Hätten die Väter der Atombombe mit absoluter Sicherheit vorher gewusst, was passiert und was nicht, hätten sie sich den milliardenteuren Versuch auch schenken können. Offensichtlich waren sie unsicher genug, einen Test für notwendig zu halten, und gleichzeitig zuversichtlich genug, um das Leben der Weltbevölkerung aufs Spiel zu setzen. Angemerkt sei vielleicht noch, dass der Bruder von J. R. Oppenheimer, Frank Oppenheimer, selbst Physiker und Mitbeteiligter an diesem Projekt, sich vor der Zündung der ersten Atombombe Fluchtpläne zurechtgelegt haben soll.[31] Es wäre interessant zu wissen, wo-

keit, drei Richtige zu haben, liegt bei nur 1,7%. Die Wahrscheinlichkeit, seinen Wetteinsatz zu verlieren, liegt hingegen bei nahe 100%. Trotzdem gilt Lottospielen nicht als risikoreich, weil im Allgemeinen nur geringe Summen eingesetzt werden. Wegen der äußerst unwahrscheinlichen Aussicht zu gewinnen, spricht der Volksmund auch von »Dummensteuer«.

31 Meine Quelle für diese Behauptung ist ein Diskussions-

hin Frank Oppenheimer denn hätte fliehen wollen, wenn die ganze Welt in Flammen aufgegangen wäre.

Inzwischen verfügen wir seit knapp 70 Jahren über Technologien, die zu globalen Katastrophen führen können. Wie will man ein Risiko bewerten, wenn schlechterdings die ganze Welt auf dem Spiel steht? Wie gering muss eine Ereigniswahrscheinlichkeit sein, damit wir vernachlässigen dürfen, dass möglicherweise »der letzte Vorhang über die Menschheit fällt«? Zumal nur wenige Spezialisten überhaupt in der Lage sind, das Risiko von

forum im Internet, in dem unheimlich schlaue Männer sich gegenseitig physikalische Fakten, Forschungsergebnisse und Zitate aus wissenschaftlichen Zeitschriften um die Ohren hauen. Sie tun das dermaßen präzise, scharf formuliert und pointiert, dass ich schon überlegt habe, mich dort ebenfalls einzuloggen, bloß um einen von ihnen kennenzulernen. Die Beiträge waren stets mit Quellenangaben versehen oder sogar verlinkt, außer bei der Behauptung, dass Frank Oppenheimer Fluchtpläne hegte – die steht einfach so da. Nach wissenschaftlichen Maßstäben ist die Quelle deswegen natürlich Schrott. Außerdem kriegten sich die Herren gegen Ende der Diskussion ganz fürchterlich in die Haare und attestierten sich gegenseitig Unfähigkeit und totale Verblödung, sodass ich auch von meiner Schnapsidee, einen von ihnen kennenlernen zu wollen, wieder Abstand genommen habe.

Teilchenbeschleunigern, neuen Biotechnologien oder künstlicher Intelligenz zu beurteilen.

Bei bereits eingeführten Technologien ist das einfacher, jedenfalls dann, wenn schon mehrfach etwas schiefgegangen ist. Zum Beispiel bei Atomkraftwerken. Da lässt sich jetzt rein mathematisch eine Rechnung aufstellen, die für jeden nachvollziehbar ist. Das Max-Planck-Institut für Chemie hat die Laufzeiten aller 440 weltweit aktiven Kernkraftwerke durch die Zahl der bisherigen Kernschmelzen (4) geteilt, was – konservativ heruntergerechnet – einer Katastrophenhäufigkeit von alle 10 Jahre entspricht. Rechnet man die drei Kernschmelzen in Fukushima bloß als eine, so ergibt sich eine GAU-Häufigkeit von alle 20 Jahre.[32]

Das hat uns die Atom-Industrie aber mal völlig anders vorgerechnet. Nach ihren Angaben war eine Kernschmelze in einem Atomreaktor stets dermaßen unwahrscheinlich, dass es sich im Grunde gar nicht lohne, darüber nachzudenken – nach menschlichem Ermessen so gut wie ausgeschlossen. Noch 1990 hatte die US-amerikani-

32 Christopher Schrader: Ein Super-Gau pro Jahrzehnt, in: *Sueddeutsche.de*, 24. Mai 2012

sche Zulassungskommission für Kernreaktoren eine Häufigkeit von Unfällen mit Kernschmelze auf einmal in 2000 Jahren geschätzt. Von einem Risiko könne bei den vielen Sicherheitsvorkehrungen gar nicht die Rede sein, allenfalls von einem Restrisiko. Und für ein AKW der dritten Generation hatte Horst Michael Prasser, Professor für Kernenergiesysteme an der ETH Zürich, noch 2008 in einem Interview des hochschuleigenen Online-Magazins *ETH-LIFE* mit dem Titel »Unser Wissensstand ist heute nahezu perfekt« vollmundig angegeben, dass die Wahrscheinlichkeit für einen Unfall, bei dem »ein Gebiet durch eine Kernschmelze mit großen Mengen an Radioaktivität verseucht wird [...] bei einem Ereignis alle Milliarden Jahre« liegt. Nun gehören die Atomkraftwerke in Fukushima zwar bloß der zweiten Generation an, sind aber immerhin mit jeweils drei Notstromgeneratoren und diversen Notstromaggregaten gesichert gewesen. Idealerweise fallen solche Sicherheitssysteme nur unabhängig voneinander aus, sodass die Stromversorgung doppelt und dreifach gesichert ist. Man hat den Kraftwerkbetreibern viele Vorwürfe gemacht, und das sicher nicht zu Unrecht. Aber bei aller Schlamperei sind sie doch auch in manchen Aspekten sorgsam gewesen, etwa bei der Höhe der gegen Tsunamis errichteten Schutzmauern. Vorgeschrieben war nur eine Höhe von 3,12 Metern, freiwillig waren die Mauern 5,70 Meter hoch gebaut worden. Doch ab und an passieren Dinge, die nicht passieren sollten, und 10 bis 15 Meter hohe Tsunami-Wellen rauschen über eine solche Schutzmauer hinweg wie über einen Kantstein, zerstören die dahinter befindliche Meerwasserpumpe und setzen damit die reguläre Kühlung und alle drei Notstromgeneratoren auf einen Schlag außer Betrieb – bei drei Reaktoren gleichzeitig. Die zwölf immer noch vor sich hin brummenden Notstromaggregate erledigt das in die Gebäude laufende Wasser. Das »absolut Unwahrscheinliche« sei dort eingetreten, sagte unsere Bundeskanzlerin Angela Merkel, die ja auch ausgebildete Physikerin ist. Als wäre es zuvor nicht bekannt gewesen, dass Japan in einem Erdbeben- und Tsunami-Gebiet liegt, und als wäre es nicht denkbar, dass so ein Tsunami auch mal stärker ausfällt als die, die dort bisher gemessen wurden. Wissenschaftlich berechnete Vorhersagen über die Sicherheit einer neuen Technologie blenden offensichtlich den Umstand aus, dass es hin und wieder zu vollkommen unerwarteten Ereignissen kommt – weswegen sie hin und wieder vollkommen falschliegen. Der Volksmund weiß es schon länger: Unverhofft kommt oft. »Das absolut Unwahrscheinliche« trifft viel häufiger ein, als wir denken. Es braucht für einen Störfall in einem Atomkraftwerk nicht immer gleich einen Tsunami. Mitunter reicht ein Konstruktionsfehler, der bei drei baugleichen Notaggregaten auch dreimal auftritt. Oder bei Wartungsarbeiten wird dreimal derselbe Fehler begangen. Oder man hat es mit einer Kombination von Konstruktionsfehlern, Schlamperei, grobem Leichtsinn und menschlichem Versagen zu tun wie in Tschernobyl oder dem Beinahe-Unglück in Harrisburg. Oder jemandem ist – huch – der Schutzhelm in eine Pumpe gefallen wie in Biblis, wo dann allerdings zum Glück auch nur diese eine Pumpe ausfiel.

Nicht nur mit einem Tsunami in der Größenordnung von dem in Fukushima haben die Zuständigen nicht gerechnet. Auch die Gefährdung von Kernkraftwerken und Atomlagern durch Anschläge islamistischer Terroristen hat man in den 70er- und 80er-Jahren wohl kaum auf dem Zettel gehabt. Seit dem 11. September 2001 erscheint diese Bedrohung nun plötzlich überaus real. In einer Risikoberechnung ist sie mathematisch aber gar nicht fassbar – und wenn wir etwas nicht genau wissen, kommt es sehr darauf an, was wir glauben.

Die Physiker im Kernforschungszentrum CERN in der Schweiz glauben zum Beispiel, dass es absolut harmlos ist, im Large Hadron Collider (LHC), dem größten Teilchenbeschleuniger der Welt, Elementarteilchen[33] mit Beinahe-Lichtgeschwindigkeit zum Kollidieren zu bringen. Der Biochemiker und theoretische Physiker Otto Rössler glaubt hingegen, dass dabei zwar extrem kleine, aber dennoch gefährliche Schwarze Löcher erzeugt werden könnten, von denen eines dann womöglich die ganze Erde verschlingen und sie dabei auf einen Durchmesser von 2 Zentimeter schrumpfen würde. Eine Befürchtung, die von kaum jemandem ernst genommen wird. Alle verlassen sich auf den guten Ruf des CERN, dessen zentrales Sicherheitsargument folgendermaßen lautet: Es kommt auf der Erde sowieso bereits seit Milliarden von Jahren zu Teilchenkollisionen, nämlich jedes Mal dann, wenn kosmische Strahlung auf die Erde trifft. Das sei auch nichts anderes, als das, was im Teilchenbeschleuniger stattfindet. Falls dabei tatsächlich Schwarze Mikro-Löcher entstünden, seien

33 Eigentlich Hadronen (zum Beispiel Protonen), welche aus Quarks, den eigentlichen Elementarteilchen, bestehen. Hadronen werden etwas nachlässig auch heute noch häufig als Elementarteilchen bezeichnet.

sie ganz offensichtlich nicht gefährlich, sonst hätten wir das schon mitgekriegt. Dem Einwand, hier würde unzulässig die Laborsituation mit den Gegebenheiten im All gleichgesetzt, widersprach die Arbeitsgruppe, die zur Überprüfung der Sicherheit CERN-intern eingesetzt worden war, mithilfe von viel Theorie und mehr oder weniger gesicherten Annahmen in einer Studie mit dem Ergebnis, es gäbe kein Risiko von irgendwelcher Bedeutung.

Nach der Veröffentlichung dieser Studie übte der Astrophysiker Rainer Plaga Kritik. Die Studie sei »exzellent«, doch diese Schlussfolgerung gebe sie nicht her. Das Risiko sei klein, aber nicht vernachlässigbar. Das CERN ließ verlautbaren, dass man nach ausgiebiger Beschäftigung mit der Sicherheitsthematik zu der Überzeugung gelangt sei, dass es kein Sicherheitsproblem gebe und dass gegenteilige Behauptungen der Herren Plaga und Rössler fehlerhaft und unbewiesen seien.

Eine Gruppe um Rössler versuchte den Start des Teilchenbeschleunigers mithilfe des Europäischen Gerichtshofs für Menschenrechte zu stoppen. Der Europäische Gerichtshof fühlte sich jedoch – wie diverse andere Gerichte – nicht zuständig. Das deutsche Bundesverfassungsgericht lehnte die Annahme einer Verfassungsbeschwerde wegen fehlender grundsätzlicher Bedeutung und mangelnder Aussicht auf Erfolg ab. Und in Frankreich und der Schweiz genießt das CERN sowieso Immunität. Das ambitionierteste wissenschaftliche Experiment aller Zeiten konnte also stattfinden.

Der amerikanische Rechtsprofessor Eric E. Johnson vertritt die Ansicht, dass dieser Fall sehr wohl vor ein Gericht gehört hätte. Auch wenn sich natürlich die Frage stellt, wie ein Richter oder eine Richterin über äußerst komplexe Streitfragen aus der Teilchenphysik entscheiden sollen, wenn aller Wahrscheinlichkeit nach sämtliche involvierten Juristen außerstande sein werden, die Argumente der Physiker nachzuvollziehen. Johnson schlägt vor, die Gerichte sollten in solchen Fällen – also wenn die theoretischen und potenziellen Gefahren tatsächlich nicht adäquat eingeschätzt werden können – auf die psychologischen und sozialen Bedingungen achten. Kapituliere die richterliche Gewalt nämlich vor der Komplexität der Materie, werden die stetig komplizierter werdenden Wissenschaften die Bedeutung von Gesetz und Gerichtsbarkeit ausgerechnet dort aushebeln, wo wir ihrer am allernötigsten bedürfen. Das hieße, die Hände in den Schoß zu legen und den Wissenschaftlern einen Freibrief dafür auszustellen, nach ihrem Ermessen mit dem Schicksal der Menschheit zu jonglieren. Und zu hoffen, dass die Jungs tatsächlich wissen, was sie tun.

Wissen sie das?

So leid es die Physiker auch sein mögen, zu abwegigen Kritiken Stellung nehmen zu müssen, und so schwer vorstellbar es auch sein mag, dass wir alle demnächst lang gezogen wie Spaghetti samt unserer Ikea-Schrankwand und überhaupt jeglicher Materie in ein künstlich hergestelltes Schwarzes Loch geschlürft werden könnten, und so stark die Risikoanalysen derjenigen, die etwas davon verstehen, auch dagegen sprechen – letztlich beruhen alle Risikobewertungen bloß auf persönlichen Einschätzungen. Wobei sich die Sicherheitsargumente für den Teilchenbeschleuniger im Laufe der Zeit übrigens deutlich verändert haben. Ging man vor ein paar Jahren noch davon aus, dass im Teilchenbeschleuniger gar keine Schwarzen Löcher entstehen könnten, so hat sich diese einstige Gewissheit im Lichte neuer Theorien plötzlich dahingehend gewandelt, dass Schwarze Mikro-Löcher, wenn sie denn entstünden, nicht gefährlich seien. Es hat bei der Risikoeinschätzung von Teilchenbeschleunigern durch Fachleute also möglicherweise bereits schon einmal einen Denkfehler gegeben. Wissenschaftler sind nicht per se immer und grundsätzlich glaubwürdig, auch nicht die Physiker-Elite dieser Welt. Zwar wird Otto Rössler als lästiger Querulant und Außenseiter abgetan, seine Theorien gelten als falsch bis lächerlich, während die CERN-Physiker genau wie ihre Forschungseinrichtung die allerbeste Reputation genießen. Die überwältigende Mehrheit der Physiker weltweit folgt den Argumenten des CERN und hält die Gefahr einer Vernichtung dieses Planeten durch den Großen Teilchenbeschleuniger ebenfalls für äußerst gering. Eine Schätzung nennt eine Wahrscheinlichkeit von 1:50 Millionen bei einer Laufzeit von 10 Jahren, also so gut wie gar nicht vorhanden. Die weltweite Zustimmung der Fachgemeinde hätte vor Gericht aber wenig Bedeutung, wenn sich herausstellt, dass diese Fachgemeinde in ihrer Gesamtheit befangen ist. Vielleicht wagt es ja bloß niemand, dem CERN nachzuweisen, dass er Standards wissenschaftlicher Gefahrenbewältigung verletzt, weil niemand als Trottel dastehen will. Teilchenphysiker bilden nämlich eine in ihre Wissenschaft vertiefte Gemeinschaft, die zu gesellschaftlicher Absonderung neigt. Solche Gruppen sind anfällig für »Groupthink«. So nennt man in der Psychologie das Phänomen, wenn eine Gruppe eigentlich intelligenter Menschen plötzlich dumme oder sogar katastrophale Entscheidungen trifft, weil jeder Einzelne seine Meinung an die erwartete Gruppenmeinung anpasst, um intern keine Konflikte aufkommen zu lassen. Dazu kommen Überlegenheitsgefühle der Gruppe, die zu übertriebenem Optimismus und gesteigerter Risikobereitschaft führen, Rationalisierung von Warnsignalen, die ein Projekt infrage stellen, Druck auf Abweichler und das Verschweigen von Einwänden, die nicht den erwünschten Standpunkten entsprechen. Wodurch der Anschein von Einstimmigkeit erzeugt wird. »Mindguards« – selbst ernannte Meinungswächter – sorgen dafür, dass andere Meinungen gar nicht erst bei den eigenen Leuten ankommen. Und plötzlich stimmt die ganze Gruppe einer Entscheidung oder einem Kompromiss zu, die einzelne Gruppenmitglieder unter anderen Umständen niemals in Betracht gezogen hätten. Ein solches Verhalten hat zum Beispiel zum Challenger-Unglück 1986 beigetragen. Dort hatte mehrfach ein Mitarbeiter Bedenken wegen der O-Ringe an den Starthilferaketen angemeldet. Zuletzt 24 Stunden vor dem Start. Die Dichtungsringe könnten wegen des ungewöhnlich frostigen Wetters porös werden. Das Problem wurde ausführlich diskutiert und dann die Entscheidung getroffen, trotzdem zu starten. Im Nachhinein kaum zu verstehen. Die Dichtungsringe wurden undicht, der Tank explodierte und die Raumfähre brach in 15 Kilometern Höhe auseinander. Alle sieben Astronauten einschließlich der Sozialkundelehrerin Christa McAuliffe, die die erste Lehrerin im Weltall hatte werden sollen, starben.[34] Eine Untersuchungskommission fand später heraus, dass abgesehen von den O-Ringen die Organisationsstruktur der NASA, ein nicht hinterfragter Konsens, ein Gefühl von Unverwundbarkeit und der Druck auf die Mitarbeiter, den bereits mehrfach verschobenen Start endlich zuwege zu bringen, Ursache des Unglücks waren.

Teilchenphysiker haben schon ohne »Groupthink« ausreichend Grund, geschlossen aufzutreten. Ohne solche riesigen und extrem teuren Forschungsprojekte wie den Large Hadron Collider im CERN wären echte Erkenntnisgewinne in der Teilchenphysik nicht mehr möglich, und in Zeiten von Finanz- und Wirtschaftskrisen wird es immer schwieriger, die Gelder dafür zusammenzubekommen. Bereits 1993 hat der amerikanische Kongress den Bau eines anderen riesigen Teilchenbeschleunigers mitten in den Bauarbeiten eingestellt. Manche glauben, dass dieser Stopp durch ein geschlosseneres Auftreten der Wissenschaftler zu verhindern gewesen wäre. Sollte eines Tages

34 Vermutlich gar nicht bei der Explosion selber, sondern erst Minuten später, als die Kapsel auf der Oberfläche des Atlantiks aufschlug.

der Betrieb des Schweizer Teilchenbeschleunigers aus Sicherheitsgründen eingestellt werden, könnten diese Bedenken dazu führen, dass auch anderen Orts der Geldhahn zugedreht wird und die experimentelle Teilchenphysik weltweit zum Erliegen kommt. Und zu Lebzeiten der heutigen Teilchen-Physiker würde sie wohl auch nicht wieder aufgenommen werden.

Das erklärt ganz gut, warum Wissenschaftler der Eidgenössischen Technischen Hochschule Zürich sich als »Mindguards« aufspielten und so lange auf den Bundespräsidenten der Schweiz einteufelten, bis dieser tatsächlich seine bereits ausgesprochene Einladung an den CERN-Kritiker Otto Rössler, der – Querulant hin, Querulant her – ja immerhin schon einmal für den Nobelpreis vorgeschlagen worden ist, wieder zurücknahm.[35]

35 »2008 schrieb ich Bundespräsident Pascal Couchpin einen Brief, worauf er den CERN-Kritiker Otto Rössler zu einem Gespräch einlud. Kurz darauf besuchte Couchpin die ETH. Dort bedrängten ihn Wissenschaftler, die Einladung zurückzunehmen – was er dann auch tat. Couchpin sagte mir, er sei ja bereit, mit jedem Spinner zu sprechen, aber in diesem Fall bekäme er ein Problem.« (Der grüne Züricher Nationalrat Daniel Vischer im Interview »Alle verlassen sich auf den guten Ruf des CERN«, in: *WOZ* Nr.7/2010, 18. Februar 2010)

Das stärkste Argument für eine gerichtliche Klärung der Sicherheit des LHCs wäre aber gewesen, dass die aus CERN-Wissenschaftlern bestehende Sicherheitsgruppe LSAG alles andere als eine unabhängige Instanz war. Daran stört sich auch Rechtsprofessor Johnson am meisten. »Würde«, schreibt er, »ein Medikament die Marktzulassung allein aufgrund eines Berichts erhalten, den fünf Mitarbeiter des Pharmaunternehmens geschrieben haben, das dieses Medikament vertreibt, so wäre dies ein Skandal von epischem Ausmaß.«[36]

Wenn CERN-Wissenschaftler selber überprüfen dürfen, ob sie auch alles bedacht haben, bevor sie der Menschheit das ihrer Meinung nach so gut wie gar nicht vorhandene Risiko ihrer Auslöschung zumuten, dann will ich das nächste Mal auch selber entscheiden, ob mein Auto den TÜV bestanden hat.

Selbst die spätere Überprüfung dieser Ergebnisse durch Wissenschaftler aus aller Welt ist keine unabhängige Instanz, wenn die Forschungsmöglichkeiten all dieser Physiker von der Existenz des Teilchenbeschleunigers abhängen. Und wenn schon kein Gericht sich für zuständig hält, dann hätte

36 Marcel Hänggi: »Schwarze Löcher vor den Kadi?«, *Technology Review*, 19. Februar 2010

zumindest einer der zwanzig Mitgliedstaaten, denen das CERN Rechenschaft schuldet, eine externe Risikoanalyse anfordern müssen, an der nicht nur Physiker gearbeitet haben. Das hat kein einziger Staat getan.

Ein weiterer beachtenswerter Punkt ist, dass bestimmte hochintelligente Menschen trotz allen Scharfsinns ein Defizit bei der Fähigkeit aufweisen, anderen Leuten ein Wissen zuzugestehen, das sich von ihrem unterscheidet und trotzdem relevant sein könnte. Man findet sie gehäuft im Ingenieurswesen und in Forschungseinrichtungen der Physikinstitute. Schon Hans Asperger, der 1944 das später nach ihm benannte Asperger-Syndrom[37] beschrieb, vermutete: »Es scheint, dass für Erfolg in der Wissenschaft oder in der Kunst ein Schuss Autismus erforderlich ist.«

37 Das Asperger-Syndrom ist eine leichtere Entwicklungsstörung innerhalb des Autismusspektrums, das mit Schwächen in der sozialen Interaktion (Eigenbrötlertum) und Stärken in der Fähigkeit, sich mit ungewöhnlicher Intensität und Durchhaltevermögen auf ein bestimmtes Spezialinteresse zu konzentrieren, einhergeht. Auch die Fähigkeit, Muster zu sehen und Systeme zu analysieren, ist verbessert. Man stelle sich einen kleinen Jungen vor, der, statt mit den anderen Kindern draußen Fußball zu spielen, lieber in seinem Zimmer sitzt und Molekularstrukturen aus Drähten und Legosteinen nachbaut.

Isaac Newton und Albert Einstein wird immer wieder nachgesagt, dass sie Asperger-Autisten gewesen seien, was von anderer Seite aber auch genauso heftig bestritten wird. Bill Gates und Mark Zuckerberg wird es ebenfalls nachgesagt, was nicht ganz so heftig bestritten wird. Es ist nicht nur als Witz gemeint, wenn immer wieder behauptet wird, das Internet sei von Autisten für Autisten gemacht worden.[38]

Computer funktionieren nach festen Regeln und haben eine klare Struktur. In Silicon Valley ist der Asperger-Autismus eines Bewerbers ein positives Alleinstellungsmerkmal.

Man muss kein Asperger-Syndrom haben, um Physiker zu werden, aber das Denken in bewusst geplanten und kontrolliert gegliederten logischen Schritten, das schnelle Erfassen von Prinzipien und Regeln eines Systems und seiner Anwendung sollte man schon draufhaben. Ordnungssysteme aufstellen, Kategorien finden, Rangordnungen treffen und Zyklen erkennen gehört auch

38 Facebook entspräche damit einer autistengerechten Version von Freundschaft, deren feste Regeln und klare Strukturen, samt dem gar nicht hoch genug zu schätzenden Vorteil, seinen Freunden nicht persönlich gegenübertreten zu müssen, auch bei neurotypischen Nutzern (Normalos) gut ankommt.

dazu. Man nennt diese Art der Informationsverarbeitung »Systemisches Denken«. Oder auch männliches Denken. Nach dem gängigen Vorurteil, aber auch nach jüngeren Forschungen, ist technischer Sachverstand typisch fürs männliche Gehirn. Je nach Stärke der Ausprägung geht es mit einer Schwäche in der sozialen Interaktion einher, also der Fähigkeit, sich in das Gegenüber einfühlen zu können und angemessen auf dessen Gefühlsäußerungen zu reagieren. Der britische Psychologe Simon Baron-Cohen[39], der zu flotten Thesen neigt, hält das Gehirn eines Autisten einfach bloß für eine extreme Ausprägungsform eines typisch männlichen Gehirns.[40] Was im Umkehrschluss dann wohl so ungefähr heißt, dass Männlichkeit eine minder schwere Form von Autismus ist. Das würde einiges erklären.

Die grundlegende Verschaltung des idealtypisch weiblichen Gehirns begünstigt empathische Analysen, während das idealtypisch männliche Gehirn eher dafür geeignet sein soll, Systeme zu bauen und ihre Funktionsweise zu verstehen

39 Nein, nicht der Borat-Darsteller, sondern sein Cousin.

40 Vier von fünf Autisten sind männlich. Sieben von acht Menschen mit schwerem Autismus sind männlich. Acht von neun Menschen mit Asperger-Syndrom sind männlich.

sowie Dinge und Sachverhalte zu kategorisieren. Eine Mischung aus Gedächtnisleistung und logisch abstrakter Symbolverarbeitung. Intuitives, nicht gelenktes Denken ist nicht so sein Ding, und Ausnahmen, Informationen, die sich aus unerfindlichen Gründen nicht in eine Kategorie einpassen lassen, verärgern diese Art Hirn sehr. Menschen mit Asperger-Syndrom können wegen Ausnahmen, die nicht in ihr Weltbild passen, geradezu fuchsteufelswild werden.

Die Physiker im CERN sind nicht nur überwiegend männlich, aller Wahrscheinlichkeit nach funktionieren auch noch ihre Gehirne – selbst die der Physikerinnen – deutlich männlicher als männliche Durchschnittshirne. Eine ausgeprägte Neigung zu systemischem Denken darf man bei ihnen getrost voraussetzen. Bereits das Interesse an Technik entstammt dem Wunsch, es mit abgeschlossenen Systemen zu tun zu haben. Und Physikinstitute bieten bei ausreichender Intelligenz eine wunderbare Nische, in der das Bedürfnis nach Simplifizierung der Welt sozial akzeptiert ausgelebt werden kann. Physikerhirne betrachten Dinge modellhaft isoliert, sie kategorisieren Elementarteilchen als Quarks, Leptonen, Austauschteilchen und neuerdings auch als Higgs-Boson, können die kompliziertesten Strukturen auf möglichst einfache Regelwerke herunterbrechen[41], und nehmen es ohne Irritation hin, wenn der Durchmesser eines Teilchens mit 0 gleichgesetzt wird. Diese Normvariante der Wahrnehmung und Informationsverarbeitung ist oft sehr zweckmäßig, aber sie bedeutet natürlich auch eine Einschränkung und kann im ungünstigsten Fall dazu führen, dass in Erwartungstunneln gedacht wird. Wissenschaftler nehmen die ihnen bekannten, in der Vergangenheit gesammelten Fakten (in diesem Fall: das Vorkommen von Teilchenkollisionen, wenn kosmische Strahlung auf die Erde trifft) als Modell für die Zukunft (Teilchenbeschleuniger bergen keine Risiken). So schaffen sie sich eine Welt, in der sich das systemisch denkende Gehirn pudelwohl fühlt. Das geht aber nur dann auf, wenn auch in Zukunft keine neuen Erkenntnisse zur Risikobewertung einer Technologie dazukommen werden. Die Wahrscheinlichkeit, dass es bei einer neuen Technologie nicht mehr zu weiteren Erkenntnissen kommen wird, ist jedoch – wie das Wort »neu« impliziert – gering. LSAG-Mitglied John Ellis sagte es 2008 in einem

41 »Das Ziel der Wissenschaft ist es immer gewesen, die Komplexität der Welt auf simple Regeln zu reduzieren« (Benoît Mandelbrot, Mathematiker).

Vortrag vor CERN-Mitarbeitern selber, dass die Frage der Schwarzen Minilöcher »ein sich schnell veränderndes Forschungsgebiet« sei.[42]

»Richtiges Denken« geht anders: Verschiedene Vorstellungen gegeneinander abwägen, auch Argumente beachten, die der eigenen vorgefassten Meinung widersprechen, andere Perspektiven einnehmen, nicht nur willens sein, Probleme zu lösen, sondern auch willens sein, Probleme zu sehen. Es gehört Spontaneität und Flexibilität dazu. »Bei einem Denker sollte man nicht fragen: *welchen* Standpunkt nimmt er ein, sondern: *wie viele* Standpunkte nimmt er ein? Mit anderen Worten: hat er einen *geräumigen* Denkapparat oder leidet er an Platzmangel, d.h.: an einem ›System‹« (Egon Friedell)?[43] Nach Kant geschieht Denken durch Begriffe, Urteile und Schlüsse, ist also im Gegensatz zu den Wissenschaften wertend. Darum auch die Aussage Heideggers: »Die Wissenschaft denkt nicht.« Das hört sich vielleicht einen Tick arrogant an. Gemeint ist, dass sich die Wissenschaft nicht in der Dimension der Philosophie bewegt. Sie ist aber

42 Marcel Hänggi: »Schwarze Löcher vor den Kadi?«, in: *Technology Review* 19. Februar 2010

43 Egon Friedell: *Steinbruch. Vermischte Meinungen und Sprüche*, Wien 1922

auf diese Dimension angewiesen, auch wenn das den Wissenschaftlern gar nicht klar ist.

Dies soll kein Physiker-Bashing werden. Im Gegensatz zu Managern und Politikern brauchen Wissenschaftler durchaus Fachkompetenz und überdurchschnittliche Intelligenz, um es bis ganz nach oben zu schaffen. Ohne sie hätten wir weder eine Stromversorgung noch all die nützlichen und faszinierenden Dinge wie Fernseher oder Nylonstrumpfhosen. Sozialkundelehrerinnen, Psychotherapeuten, Bäcker oder Friseurinnen hätten so etwas mit ihrem irgendwie schwammigen und breit gefächerten Denken niemals hinbekommen. Von Philosophen, Dichtern und Performance-Künstlern mal ganz zu schweigen. Forscher sind viel nützlicher! Wir wollen sie mit Nobelpreisen ehren und jedes Mal, wenn wir in ein Auto steigen oder den Computer anschalten, wollen wir ihnen still danken. Aber wir sollten ihren Risikoanalysen keinen allzu großen Wert beimessen. Gerade bei Risikobewertungen mit all ihren Unwägbarkeiten stößt systemisches Denken an seine Grenzen.

Das Problem beim Large Hadron Collider könnte darin bestehen, dass kein Physiker des CERN das Problem des LHC erkannt hat und jeder von ihnen daraus automatisch gefolgert hat, dass es auch kein Problem gibt. Extrem systemisch denkende Menschen ziehen es überhaupt nicht in Betracht, dass andere Menschen anders denken könnten als sie und dabei womöglich auch noch zu einem richtigen Ergebnis kämen. Es übersteigt ihr Vorstellungsvermögen, dass jemand über Informationen verfügen könnte, die ihnen selber fehlen. Kritikern werfen sie deswegen gern Uninformiertheit und fehlende Kompetenz vor.

Wenn uns die Katastrophe von Fukushima eines gelehrt hat, dann, dass Risikoberechnungen nach menschlichem Ermessen und aktuellem Informationsstand sehr viel weniger wert sind, als uns die Wissenschaft glauben machen will. Es gibt keinen Messbecher für Wahrscheinlichkeit und es gibt keine Garantie dafür, dass man alle Eventualitäten bedacht hat. Gerade bei jungen Technologien dürfen wir davon ausgehen, dass unser Vorstellungsvermögen, was alles passieren könnte, nicht ausreicht. Es ist eher die Regel als die Ausnahme, dass irgendwann mal etwas Unvorhergesehenes eintrifft. Professor Prasser von der ETH Zürich (der, der 2008 noch behauptet hatte, dass sich ein Unfall mit vielen Strahlentoten bei einem AKW der dritten Generation nur einmal in einer Milliarde Jahren ereignen würde), räumte nach Fukushima ein, er hätte es bei der Einschätzung »leider versäumt, in dem Interview die genauen Randbedingungen für die angegebene Zahl zu benennen«.[44] Der Wert sei »stark davon abhängig, wie gut das Kraftwerk gegen externe Einwirkungen geschützt« sei. Ganz genau. So etwas nennt man systemisches Denken. Und außerdem ist ein solcher Wert noch davon abhängig, ob nicht noch etwas anderes nicht bedacht worden ist. Für solche Risikoanalysen werden nämlich nur Störfälle berücksichtigt, die man für möglich hält. Als würde niemals etwas anderes als das Erwartete eintreffen. Als wären unvorhergesehene Ereignisse gar nicht existent. Der Effekt solcher Risikoanalysen besteht also hauptsächlich darin, falsches Vertrauen einzuflößen.

Dieselben Forscher, die uns versichern, dass sie das mit dem Teilchenbeschleuniger und den Schwarzen Löchern voll im Griff haben, mussten 2008 nur 9 Tage nach der Einweihung den Betrieb des drei Milliarden teuren Tunnels wieder einstellen, weil eine einfache Schweißnaht nicht hielt, woraufhin ein Heliumtank explodierte und mehrere der tonnenschweren Magnete, die die Protonen auf ihrer Bahn halten sollen, verschob. Die Reparatur-

44 In: »Kernschmelzen galten als hypothetisch«, *NZZ*, 24. März 2011

beiten kosteten 30 Millionen Euro und zogen sich über ein Jahr hin.

Alle, die meinen, die Gefahrlosigkeit des Teilchenbeschleunigers sei bereits bewiesen, weil ja inzwischen Protonencrashs stattgefunden haben, ohne dass wir im Schlund eines Schwarzen Lochs verschwunden wären, seien darauf hingewiesen, dass der LHC gerade modernisiert wird, um die Energiezufuhr zu erhöhen. Erst ab 2015 arbeitet die Anlage mit voller Kraft. Und erst danach werden wir wissen, ob die Experimente wirklich harmlos sind oder ob das Nichts über die Erde hereinbricht. Die Bildzeitung hat eine Animation eines solchen Worst-Case-Szenarios ins Internet gestellt – so wie sich die Bildzeitung das eben vorstellt: wie bei einem zu schnell abgekühlten Kuchen bricht da die Oberfläche der Erde den Leuten unter den Füßen weg und stürzt in einer schwarzen Staubwolke in das heiße, matschige Erdinnere dem Schwarzen Loch entgegen.

Wie auch immer. Der heutige Stand der Wissenschaft kann nicht verhindern, dass wir Fehler machen. Aber er versetzt uns in die Lage, Fehler in einer Größenordnung zu machen, die wir nicht überleben würden. Deswegen kann es durchaus auch eine Option sein, eine vielversprechende Sache ganz einfach mal zu lassen.

»Tragt mich ins Auto!
Ich fahr euch alle nach Hause.«

(Typischer Vorschlag eines Betrunkenen)

Selbstvertrauen

Risikofreude und Selbstvertrauen – das ging schon immer Hand in Hand.

Im Kopf eines Politikers oder eines Managers flüstert und drängt eine Stimme, dass er mehr erreichen kann als andere, dass er jede Aufgabe bezwingen wird: »Andere sind dem wahrscheinlich nicht gewachsen, die würden scheitern, aber du! Du schaffst das!«

Eine Studie der US-Headhuntingfirma Heidrick & Struggles, die die Stärken und Schwächen von Führungskräften untersuchte, kam zu dem Ergebnis, dass Selbstvertrauen für Spitzenleute unverzichtbar ist. Als »Teamplayer« waren die meisten Führungskräfte hingegen nur mäßig, die Lösung von Konflikten interessierte sie eher weniger und intelligenter als ihre Untergebenen waren sie auch nicht.

Die Entwicklung der Menschheit wurde und wird also von Individuen bestimmt, die eine hohe Meinung von sich selber und den eigenen Fähigkeiten haben. Auch von solchen, die sich hoffnungslos überschätzen.

Eine Fundgrube ausgeprägten Selbstbewusstseins ist seit jeher der Berufsstand der Mediziner, insbesondere die Chirurgie. Wo benötigt man mehr Zutrauen zu den eigenen Fähigkeiten als dort, wo man in einen lebendigen Menschen schneidet oder sägt? Im Mittelalter[45] durften akademisch ausgebildete Mediziner allerdings gar keine chirurgischen Eingriffe durchführen. Sie gehörten dem Klerus an und aufgrund eines Kirchengesetzes waren ihnen Behandlungen, bei denen Blut floss, untersagt. Das grobe Geschäft überließen sie deswegen reisenden Wundärzten, teilweise Amateurchirurgen, die ihre Kunst als Show auf Jahrmärkten zwischen Dreck, Grind und Auswurf zeigten, und dann schleunigst weiterzogen, bevor sie belangt werden konnten. Mittelalterliche Operationen endeten nicht selten mit

45 Genauer: seit dem Konzil von Tours 1163.

Infektionen, Sepsis und Tod des Patienten. Beim »Narrenschneiden« etwa wurde dem als wahnsinnig diagnostizierten Patienten der ungewaschene Kopf mit einem Bohrer oder Messer aufgebohrt, um ihm den Wahnsinn in Form von Steinen aus dem Gehirn zu holen. Wehleidigkeit war damals keine Option. Wenn der Patient Glück hatte, war er an einen Scharlatan geraten, der sich damit begnügte, bloß die Kopfhaut aufzuritzen und dann einen Stein in die Wunde zu schummeln. Wenn er Pech hatte, nahm der Narrenschneider seinen Beruf ernst und wühlte tatsächlich mit dreckigen Fingern unter der Schädeldecke nach einem imaginären Stein oder Wurm. Ein anderer Spezialist war der »Starstecher«, dessen Fertigkeit darin bestand, Menschen, die am Grauen Star erblindet waren, wieder sehend zu machen. Jeder, der einmal den historischen Roman »Der Medicus« (*The Physician* von Noah Gordon, 1986 Simon & Schuster, NY) gelesen hat, wird Schwierigkeiten haben, die Beschreibung des Starstichs wieder aus dem Kopf zu bekommen. Der Starstecher setzt sich dem Patienten gegenüber und führt eine lange Nadel neben der Regenbogenhaut in das Weiße des Augapfels hinein, bis die Nadelspitze über der Linse in der Pupille sichtbar wird. Eine äußerst schmerzhafte Angelegenheit, weswegen der gellend schreiende Patient von einem Helfer festgehalten und am besten auch noch gebunden werden muss. Mit der Nadel drückt der Jahrmarktarzt die getrübte Linse auf den Augengrund und hält sie dort eine Weile fest, damit sie nicht wieder aufsteigt. Ein Verband um die Augen, und fertig. Der Patient hatte anschließend eine Fehlsichtigkeit von etwa minus 20 Dioptrien[46], aber immerhin war er nicht mehr blind. Jedenfalls so lange, bis die hinterher meist auftretende Augenentzündung einsetzte und zur endgültigen Erblindung führte. Aber bis dahin: ein Wunder der Heilkunst, und das bereits vor Jahrtausenden.

Was man bei aller Begeisterung über die Fähigkeiten mittelalterlicher und sogar vorbabylonischer Augenärzte leicht vergisst, ist, dass es logischerweise irgendwann einmal jemanden gegeben haben muss, der diesen abscheulichen Eingriff als Allererster ausprobiert hat, ohne dass er die geringste Ahnung hatte, ob er funktionieren würde. Wir wissen nicht, wer derjenige war und ob er durch logische Folgerungen auf diese Operations-

46 Nach Marion Maria Ruisinger, Institut für Geschichte der Medizin der Uni Erlangen-Nürnberg, in: Geschichte der Augenheilkunde auf *www.dr-leber.de*. Laut Wikipedia sind es plus 11 Dioptrien. Beides nicht schön.

methode kam oder bloß ein wenig sadistisch veranlagt war. Wir wissen auch nicht, ob dieser Pionier der Augenchirurgie seine Methode zuvor an einem armen Tier ausprobiert hat, bevor er sich an seiner eigenen Spezies verging. Wir wissen noch nicht einmal, ob der erste Patient freiwillig an der Operation teilnahm. Alles, was wir wissen, ist, dass derjenige, der zum ersten Mal einem Mitmenschen einen spitzen Gegenstand unter die Pupille gerammt hat, nicht nur einen großen Wissensdrang, sondern auch ein abartig großes Zutrauen in seine Fähigkeiten gehabt haben muss. Mehr Zutrauen jedenfalls, als die Faktenlage rechtfertigte. Und eine ebenso große Bedenkenlosigkeit, anderen Schmerzen zuzufügen. Man liegt wahrscheinlich nicht ganz falsch, wenn man ihn sich als einen Menschen von großer Überzeugungskraft vorstellt, einen dieser charismatischen, von sich selbst berauschten Typen, die heute Künstler wären und sich damals die Stellung eines Schamanen unter den Nagel gerissen haben. Im Dorf laufen die Hunde hinter ihm her.

Der Schamane wird also zu einem erblindeten Stammesmitglied geholt, besieht sich den Schaden und als ein Freund schneller Lösungen entscheidet er: Da sitzt etwas Trübes im Auge, das machen wir weg! Kaltblütigkeit, was mögliche Folgen betrifft, ist ein Merkmal selbstbewusster Persönlichkeiten. Zweifel? Hindernisse? Ach was!

Der Patient wird gefesselt. Geschrei, Hölle, Blut, Geheule. Zwanzig Folterminuten später das unwahrscheinliche Resultat: Der Patient kann tatsächlich wieder sehen. Der Schamane wird vom ganzen Stamm gefeiert, mit Schweineschmalz eingerieben und mit Geschenken überhäuft. In der folgenden Woche kann er sich vor Anfragen kaum retten. Bis er zu einem Schwerhörigen gerufen wird. Vom eigenen Erfolg beflügelt, entscheidet der Freund schneller Lösungen, die Ohrmuscheln zu entfernen, den Gehörgang größer zu schneiden und das Trommelfell zu durchstechen. Da er diesmal keinen Erfolg hat und der verstorbene Patient ein naher Verwandter des Häuptlings war, stößt man den Schamanen die nächste Klippe herunter. Seine Augentherapie aber beginnt ihren Siegeszug durch den Orient.

Wahrscheinlich kamen im Laufe der Geschichte auf einen selbstbewussten Menschen, der einen Treffer gelandet hat, Hunderte, wenn nicht Tausende ähnlicher Typen, die es verbockten. Von ihnen wissen wir heute nichts mehr. Die wenigen Entdeckungen jedoch, die dabei gemacht wurden, gingen in die Geschichte ein. Zum Beispiel die des englischen Arztes Edward Jenner, der die Pocken besiegte. Im 18. Jahrhundert wüteten sie schlimmer als die Pest. Der verdienstvolle Arzt wagte einen Menschenversuch: Er impfte den 8-jährigen Sohn seines Gärtners zuerst mit harmlosen Kuhpockenviren, die er aus den Pockenpusteln einer Melkerin gewann. Der Junge James Phipps erkrankte erwartungsgemäß und genas wieder. Ebenfalls erwartungsgemäß. Dann kam der riskante Teil des Experiments. Edward Jenner impfte den Gärtnersohn mit den gefährlichen Menschenpocken. Zu beider Glück wirkten die Abwehrkörper, die das Immunsystem des Kindes gegen die Kuhpocken aufgebaut hatte, auch gegen die anderen Pockenviren. James Phipps erkrankte nicht. Und in eine Kuh – wie neidische Kollegen prophezeit hatten – verwandelte er sich auch nicht. Die Pockenimpfung war erfunden. Mit unvergleichlichem Erfolg: Seit 1980 gilt die Welt als pockenfrei.

Noch so ein erfolgreicher Draufgänger auf Kosten anderer war der südafrikanische Herzchirurg Christiaan Barnard, der am 3. Dezember 1967 das erste menschliche Herz transplantierte und damit praktisch das Todesurteil über Louis Washkansky, den Empfänger des Spenderorgans, sprach. Wobei man Barnard zugutehalten muss, dass Washkanskys Lage ohnehin hoffnungslos war. Auch über das Risiko eines solchen Eingriffs wurde er nicht im Unklaren gelassen. Und da seine Lebenserwartung ohnehin nur noch wenige Tage betrug, willigte »Washy«, wie ihn die Medien später nannten, ein. Barnard war ein routinierter Herzspezialist, der über 1000 Operationen am Herzen ausgeführt hatte. Auch die Transplantation hatte er im Tierversuch geübt. Allerdings gab es dabei einen kleinen Schönheitsfehler: Seine 50 Versuchshunde waren alle sofort gestorben. Ob er Washkansky auch davon erzählt hat, ist nicht überliefert. Die amerikanischen Kollegen waren da wesentlich weiter. Adrian Kantrowitz hatte schon über 400 Hundeopfern ein Herz verpflanzt und inzwischen lag seine Erfolgsquote bei neun von zehn Hunden, die die Operation überlebten.[47] Kantrowitz wollte die OP bereits 1966 an einem Baby ausführen, aber der Spender, auf dessen Herz man wartete, wurde nicht nach dem Hirntod für tot erklärt, sondern erst nach dem Herzstillstand, und damit hatte sich die Sache dann erledigt. James D. Hardy hatte bereits 1964 ein Schimpansenherz in einen Menschen verpflanzt, wenn auch ohne Erfolg. Und Norman Shumway hatte am 20. November 1967 einen Artikel im *Journal of the American Medical*

47 Katrin Hoerner: »Christiaan Barnard. Pionier am Skalpell«, *Focus Online*, 3. Dezember 2007

Association veröffentlicht, in dem er verkündete, es sei jetzt so weit, dass man an eine Herztransplantation von Mensch zu Mensch denken könne.

Viele Transplantationsmediziner sahen das vollkommen anders. Die Technik einer Herzverpflanzung war für die amerikanischen Spezialisten – im Gegensatz zu Barnard – zwar keine große Sache mehr, aber das Problem der Abstoßung fremden Gewebes war noch nicht gelöst. Barnard hielt das nicht davon ab, das Rennen aufzunehmen. Und das Schicksal schlug sich auf seine Seite. Ganz in der Nähe der Kapstadter Klinik erlitt eine junge Frau einen Autounfall und wurde mit schweren Hirnschädigungen eingeliefert. Ihr Vater stimmte zu, dass man ihr Herz entnehmen dürfe. Die Gelegenheit, den deutlich besser vorbereiteten Kollegen in Amerika zuvorzukommen, war einfach zu günstig.

Dass Barnards tollkühne Operation zunächst tatsächlich glückte, war also gar kein medizinischer Durchbruch. Das Hauptproblem bestand weiterhin. Die Medikamente, die Louis Washkansky bekam, hielten zwar sein Immunsystem davon ab, das fremde Herz abzustoßen, hinderten es aber auch daran, sich gegen Krankheitserreger zu wehren. Er starb 18 Tage später an einer Lungenentzündung. Säuerliche und auch aufrichtig empörte Kollegen warfen Barnard vor, übereilt und fahrlässig gehandelt zu haben, bloß um der erste Herztransplanteur der Welt zu werden. Joseph Murray, Nobelpreisträger und Pionier in der Nierentransplantation, nannte die erste geglückte Herzverpflanzung von Mensch zu Mensch die »dunkelste Stunde der Transplantationsmedizin«.

Dass sein Patient so früh gestorben war, tat Barnards Ruhm jedoch überhaupt keinen Abbruch. »Es war nicht das Herz!«, jubelten die Zeitungen, nachdem der Obduktionsbefund bekannt geworden war. Als hätte die Lungenentzündung überhaupt nichts mit der Transplantation zu tun. Der smarte Mittvierziger wurde der berühmteste Arzt seiner Zeit und stieg zum Jetset-Star auf – inklusive Liebesaffäre mit Gina Lollobrigida, Rolls-Royce, Yachtpartys, Studio 54, Audienz beim Papst, Empfang beim Schah von Persien und bei Imelda Marcos, Hochzeit mit einer 18-Jährigen, Scheidung, Modelfreundinnen. Manchmal lohnt es sich halt, sich ein bisschen was zuzutrauen.

Adrian Kantrowitz – vermutlich stinksauer – transplantierte nur drei Tage nach Barnard einem 19 Tage alten Baby ein Herz.[48] Die himm-

48 Ob er diese OP jetzt vorzog, um mitzuhalten, ob sie sowieso geplant war oder sich durch einen passenden Spender einfach ergab, konnte ich nicht herausfinden.

lische Ungerechtigkeit wollte es, dass der viel besser vorbereitete Arzt scheiterte und das Baby nur sechseinhalb Stunden nach der OP verstarb. Im darauffolgenden Monat, am 2. Januar 1968, verpflanzte Barnard sein zweites Herz, dessen Patient diesmal – hah! – schon 19 Monate überlebte. Vielleicht hatte Barnard einfach ein Händchen. Mit jungenhaftem Enthusiasmus gab er sich seinem Playboy-Leben hin, ließ sich mit einem Nacktmodel im Arm auf einer Illustrierten abbilden und wurde von *Paris Match* zum viertbesten Liebhaber der Welt gewählt. Jetzt wollten sie alle. Norman Shumway, der eigentliche Held, der die innovative Gefäßnahttechnik bei Herzverpflanzungen entwickelt (und dummerweise auch noch Barnard beigebracht) hatte, wurde mit einer Transplantation am 6. Januar, deren Patient 15 Tage überlebte, dann wenigstens der erste erfolgreich herztransplantierende Amerikaner. Aber auch Chirurgen, die selber keine Erfahrung mit dem Verfahren an Hunden gemacht hatten und deren Wissen über Immunologie nur begrenzt war, fühlten sich aufgerufen. Ach, einfach mal versuchen! Wird schon schiefgehen. Zumal die öffentliche Meinung die Transplantationen ja auch dann als Erfolg wertete, wenn die Patienten kurz danach starben.

Bis Anfang September 1970 wurden 164 Herzen in aller Welt transplantiert[49] – von denen im Herbst 1970 gerade noch 20 schlugen. Die Patienten starben … na ja, nun nicht gerade wie die Fliegen, aber sie überlebten oft nur Tage (Abstoßung des fremden Herzens) und selbst im günstigsten Fall nur Monate (Tod durch Infektion). Es dauerte noch Jahre, bis mit Cyclosporin A ein Medikament gefunden wurde, welches das Spenderherz vor Abstoßung schützte, ohne gleichzeitig das ganze Immunsystem des Empfängers lahmzulegen. Wieder war es Shumway, der dadurch die Transplantationsmedizin revolutionierte und dem also nicht nur die Operationstechnik zu verdanken ist, sondern auch, dass die Lebenserwartung der Transplantierten seit 1981 in Jahren gezählt werden darf. Trotzdem kennt heute kein Mensch mehr seinen Namen. Shumway? Wer ist Shumway? Christiaan Barnard ist hingegen immer noch eine Legende, weil er »Erster!« war, und außerdem äußerst medientauglich. 2004 wurde er hinter Nelson Mandela auf Platz zwei der Liste der 100 größten Südafrikaner aller Zeiten gewählt.

Der amerikanische Herzchirurg Denton Coo-

49 100 allein 1968.

ley, der am 3. Mai 1968 seine erste Herztransplantation ausgeführt hatte[50], legte im September noch einen drauf und transplantierte einem Patienten gleichzeitig ein Herz und beide Lungenflügel, was der Empfänger immerhin sechs Tage überlebte. Im Jahr darauf transplantierte Cooley ganze 22 Herzen, aber das änderte auch nichts daran, dass er nicht der Erste in irgendetwas war. Das mit den Lungenflügeln plus Herz zählte irgendwie nicht richtig. Einen Namen machte Cooley sich erst, als er 1969 ein vollständiges künstliches Herz transplantierte. Das hatte vor ihm noch keiner geschafft. Sein Kollege DeBakey hatte – vermutlich aus guten Gründen – bislang gezögert, so eine Maschine einzusetzen. Mit dem Kunstherz konnte Cooley bei einem Patienten, der sich in einem kritischen Zustand befand, die 65 Stunden Wartezeit überbrücken, bis ein echtes Herz transplantiert werden konnte. Der Patient starb 36 Stunden nach dem zweiten Eingriff, aber jetzt war auch Cooley »Erster«. Allerdings hatte er das verwendete Kunstherz ohne Rücksprache zu halten aus dem Labor seines am selben College arbeitenden Kollegen DeBakey genommen. Jedenfalls sah DeBakey es so. Er war außer sich und bezeichnete Cooleys

50 Der Patient überlebte 204 Tage.

Vorgehen als unethisch.[51] Es gab sogar eine Untersuchung und Cooley verließ das Baylor College. Anscheinend strotzte er auch weiterhin vor risikobereitem Selbstbewusstsein, denn 1988 musste er wegen fehlgeschlagener Immobilienspekulationen Bankrott anmelden.

Eine Anekdote erzählt, dass Cooley einmal vor Gericht von einem Anwalt befragt wurde, ob er sich für den besten Herzchirurgen der Welt halte. Cooley bejahte. Worauf der Anwalt fragte, ob das nicht ein wenig unbescheiden sei. »Vielleicht«, sagte Cooley, »aber bedenken Sie, dass ich unter Eid stehe.«

Diese Art Selbstbewusstsein hat in der Geschichte der Medizin zwar immer wieder, aber dann stets nur bei den betroffenen Patienten zu katastrophalen Ergebnissen geführt – die im Regelfall schnell vergessen wurden. Gleichzeitig kam es dabei zu einigen wenigen Entdeckungen, die dann beibehalten wurden, weswegen diese Mediziner- und Unternehmer-Tugend – jedenfalls auf einen langen Zeitraum gesehen – einigermaßen erfolg-

51 Er meinte damit nicht das Transplantieren von Herzen in Menschen, die dann innerhalb weniger Tage oder im besten Fall Monate starben, sondern, dass Denton Cooley einfach *sein* Kunstherz benutzt hatte und ihm damit zuvorgekommen war.

reich war. Forschern in der Medizin fehlten bis vor Kurzem einfach die Möglichkeiten, in großem Stil Schaden anzurichten.[52]

Das hat sich geändert, seit in Forschungslabors an Viren herummanipuliert werden kann.

Die Forscher, die unter Leitung von Ron Fouchier am Erasmus Medical Center in Rotterdam das Vogelgrippe-Virus H5N1 so verändert haben, dass es durch die Luft – von Frettchen zu Frettchen – übertragbar wurde, mussten eine Menge Kritik einstecken. Nicht wegen der armen Frettchen, sondern weil an H5N1 mehr als die Hälfte aller Menschen, bei denen eine Infektion diagnostiziert wurde, sterben mussten. Vor dem Hintergrund, dass al-Qaida sich seit geraumer Zeit darum bemüht, Terroristen mit akademischen Abschlüssen in Mikrobiologie oder Chemie zu rekrutieren, erscheinen Versuche, die einem solchen Killervirus Flügel verleihen, auf den ersten Blick als horrendes Wagnis. Nun ist Risikobereitschaft aber nicht immer und per se schlecht. Mitunter gibt es in den Wissenschaften durchaus auch gute Gründe, große Risiken einzugehen. Das weitverbreitete H5N1 ist wahrscheinlich ohnehin nur we-

52 Politiker hatten diese Möglichkeit schon immer und haben davon auch reichlich Gebrauch gemacht.

nige Mutationsschritte davon entfernt, sich von Mensch zu Mensch zu übertragen. Die Wissenschaftler wundern sich eher, dass es das in den 16 Jahren seiner überaus raschen Entwicklung noch nicht getan hat. Forschung ist also trotz allen Risikos unverzichtbar, wenn man rechtzeitig ein Gegenmittel oder wenigstens einen Impfstoff entdecken will. Fängt man damit erst an, wenn H5N1 bereits in Bussen und Bahnen unterwegs ist, kann es auch schon zu spät sein. Ein tödliches, hoch ansteckendes Virus, gegen das es kein Gegenmittel gibt – das könnte heute, da täglich über 6 Millionen Flugpassagiere befördert werden, schlimmere Folgen haben als der Ausbruch der Pest im Mittelalter.

Mittelalterliche Zustände hätten wir auch wieder, falls wir tatsächlich in das »post-antibiotische Zeitalter« eintreten sollten, das die Weltgesundheitsorganisation (WHO) in ihrem Global Report vom April 2014 für die Menschheit vorausgesagt hat, falls wir nicht schleunigst und grundlegend etwas an unserem Umgang mit Antibiotika ändern. Eine neue Phase der Menschheitsgeschichte, in der wir es mit Krankheitserregern zu tun haben werden, denen mit Antibiotika nicht mehr beizukommen ist. Dass Bakterien Resistenzen entwickeln, hat es schon früher gegeben. Wenn eine Infektion behandelt wird, kommt es immer wieder mal vor, dass einige Keime überleben – entweder weil eine zufällige Mutation sie davor schützt oder weil sie Resistenzgene von anderen Erregern übernommen haben. Diese resistenten Keime vermehren sich, die Infektion flammt wieder auf und es muss zu einem anderen Antibiotikum gewechselt werden. Damit ist die Sache dann meist erledigt. Inzwischen treten jedoch immer mehr Staphylokokken auf, die gegen mehrere Antibiotikagruppen gleichzeitig immun sind. Die Krankenhäuser probieren ein Medikament nach dem anderen durch und müssen zu den eisernen Reserven greifen, die nur in äußersten Notfällen und dann auch nur von den Chefärzten persönlich verabreicht werden dürfen, damit sich in der Bevölkerung nicht auch noch dagegen Resistenzen ausbilden können. Und manchmal wirken nicht einmal die mehr.

Neben der zu häufigen und dann oft auch noch zu kurzen oder unterdosierten Behandlung mit Antibiotika in der Humanmedizin ist einer der Hauptgründe (laut WHO) für die Resistenzen die unkontrollierte und verantwortungslose Gabe von Antibiotika in der Massentierhaltung. Von den 100 000 bis 200 000 Tonnen Antibiotika weltweit geht der größte Teil dorthin. In Deutschland gab es bis vor Kurzem noch überhaupt keine konkreten Daten zum Antibiotikaeinsatz in der Tierhaltung. Das war eine Sache zwischen selbstbewusst dosierenden Landwirten und ihren Veterinären. Die Pharmaindustrie ging von geschätzten – ›na, sagen wir mal‹ – etwa 784 Tonnen Antibiotika pro Jahr in der Tierhaltung aus.[53] Seit die Viehhalter ihren Antibiotikaverbrauch melden müssen, wissen wir Genaueres. Es handelt sich um ganz andere Dimensionen: 2012 sind 1619 Tonnen Antibiotika an tierärztliche Hausapotheken ausgegeben worden[54] – das ist nicht nur doppelt so viel, wie von der Pharmaindustrie geschätzt, sondern auch doppelt so viel, wie in der Humanmedizin verabreicht werden. Die tierärztliche Hausapotheke von einigen Veterinären muss die Größe von Lagerhallen erreicht haben.

Oft werden ähnliche Antibiotikaklassen wie bei Menschen verwendet, teilweise sogar Reserveantibiotika wie Colistin. Je mehr verschiedene Antibiotika ins Futter oder Wasser gegeben werden, desto mehr Resistenzen können die Keime in den Ställen entwickeln. Bakterien sind eigenständige Lebewesen,

53 Dr. Kathrin Birkel: *Der kritische Agrarbericht 2013*

54 Bundesamt für Verbraucherschutz und Lebensmittelsicherheit, Studie vom November 2013, zitiert von Karin Seibold, »Tödliche Keime: Die Gefahr aus dem Stall«, *Augsburger Allgemeine*, 26. Januar 2014

die sich auf Umweltbedingungen einstellen können. Und in den Ställen der Massentierhalter gehören Antibiotika zu den immer wiederkehrenden Umweltbedingungen: »Masthähnchen, die durchschnittlich nur 39 Tage leben, werden … laut einer Statistik des Bundesinstituts für Risikoforschung (BfR) an 10 Tagen mit Antibiotika gefüttert, Schweine, die etwa dreieinhalb Monate lang leben, bekommen die Medikamente im Schnitt an vier Tagen …«[55]

Eine Geflügelmastanlage funktioniert so gleichzeitig auch noch als Zuchtbetrieb für multiresistente Keime. Die Keime gelangen durch die Lüftungsanlage in die Umwelt oder reiten auf den Gummistiefeln der Bauern nach draußen, sie werden mit der Gülle auf die Felder ausgebracht, wo sie auf dem Blumenkohl oder irgendwelchen Sprossen landen, die Gülle mäandert ins Oberflächenwasser … oder die multiresistenten Keime kommen mit dem Fleisch der geschlachteten Tiere gleich frisch auf den Küchentisch.

Das Selbstbewusstsein des Bauernstandes beruht darauf, dass Landwirte sich für das Fundament der

55 Studie des Bundesinstituts für Risikobewertung, Juli 2013, wieder zitiert nach Karin Seibold, »Tödliche Keime: Die Gefahr aus dem Stall«, *Augsburger Allgemeine*, 26. Januar 2014

Gesellschaft halten, die wichtigsten und nützlichsten Menschen überhaupt, diejenigen, die die Versorgung der Gesellschaft mit Nahrungsmitteln sicherstellen. Innovation und Nachhaltigkeit gehen bei der Landwirtschaft Hand in Hand und sorgen für hochwertige Lebensmittel und eine gepflegte Kulturlandschaft[56], so das Selbstverständnis. Ohne sie geht gar nichts. Das stimmt, war aber auch schon mal anders.[57] Mit dem Übergang von den sammelnden und jagenden Horden in die Agrargesellschaft »wurde der Weg der Gier und Entfremdung eingeschlagen«.[58] Und beibehalten. Inzwischen ist es

56 Stephanie Geiger: »Das neue Selbstbewusstsein der Bauern«, in *Die Welt*, 21. Juli 12

57 Nach Meinung des Geschichtsprofessors Yuval Noah Harari hat die Entdeckung des Ackerbaus und der Tierhaltung bloß das fröhliche, unbelastete Umherstreifen der jagenden und sammelnden Horden beendet und die Menschheit in die Knechtschaft echter Arbeit getrieben. Ein ähnlicher Effekt wie bei der Erfindung der E-Mails. Man denkt, das Leben wird einfacher, wenn man keine Post mehr zum Briefkasten schleppen bzw. keine Körner mehr sammeln muss, sondern sie direkt vor der eigenen Haustür anbaut. Doch aus irgendeinem unerfindlichen Grund hat man hinterher noch weniger Zeit als vorher. Aber dann steckt man schon viel zu tief drin, um die Sache wieder rückgängig machen zu können.

58 Harari: *Eine kurze Geschichte der Menschheit*, Deutsche Verlagsanstalt, München 2013

die Agrarindustrie, die für uns sorgt. Auch Intensivtierhalter halten ihre Arbeit für unverzichtbar und verdienstvoll. Die Natur ist zum Ausbeuten da, das war schon immer so, Wurst gehört zum Brot, und die grünen Spinner haben eh keine Ahnung. Dass die Ausübung eines so existenziellen Berufes wie die Herstellung von Nahrungsmitteln nicht nur ein Verdienst ist, sondern auch mit einer Verantwortung für die ihnen anvertrauten Lebewesen und Ressourcen einhergeht, und dass man unter keinen, aber auch gar keinen Umständen die Gesundheit seiner Mitbürger aufs Spiel setzt und alles tun muss, um die Entstehung und Ausbreitung von durch Tierhaltung entstandenen MRSA-Bakterienstämmen aufzuhalten – diese Idee scheint den Gummistiefelträgern fremd zu sein.

Multiresistente Bakterien überleben selbst das Einfrieren und tummeln sich noch im Blutwasser aufgetauten Geflügels. In 42% der Putenfleischproben, die sich das Robert Koch-Institut aus Supermärkten beschafft hat, wurden multiresistente Bakterien gefunden.[59] In einer Stichprobenanalyse der Grünen von 2014 fand man in 66% der Putenprodukte ESBL-bildende Keime, also Keime, deren Enzyme wichtige Antibiotikagruppen unwirksam

59 »Tatort Tierstall«, *www.wdr5.de*, 8. Mai 2014

machen. Die gleichen Keime fanden sich in 16% der Wurstwaren wie Salami und Teewurst und auf 22% der beliebten Mettbrötchen.[60]

Nicht nur Hühner, Puten und Würste, auch die Bauern selber sind von multiresistenten Keimen besiedelt. In Deutschland trifft das auf 86% der Landwirte mit regelmäßigem Kontakt zu Nutztieren zu.[61] Also fast alle.[62] Das macht sich für die Betroffenen erst einmal nicht weiter bemerkbar. Staphylococcus aureus, ob nun multiresistent oder nicht, ist ein Bakterium, das sich bei jedem zweiten Menschen nachweisen lässt. Vorzugsweise auf der Nasenschleimhaut. Bei einem intakten Immunsystem verursacht es keine Infektion. Aber wenn sich ein Bauer beim Ferkelkastrieren einen Finger abschneidet oder aus sonst einem Grund ins Krankenhaus kommt, wird er dort zum Risiko für andere Patienten. Und für sich selbst natürlich. Jetzt hat der Keim auf der Nasenschleimhaut eine gute Chance, in die Fingerwunde einzudringen und dort eine Infektion auszulösen. Deswegen testet man Landwirte in Krankenhäusern auf multiresistente

60 »Stichproben-Analyse: Wurstwaren oft mit resistenten Keimen belastet«, *Spiegel Online*, 21. Mai 2014

61 Robert Koch-Institut, Stand 23. März 2013

62 2010 hieß es noch: 25% der Landwirte.

Keime und gegebenenfalls – also so gut wie immer – werden sie nicht auf der Normalstation, sondern isoliert untergebracht.[63] Einige Bauern empfinden das als diskriminierend.[64] Offenbar ist ihnen nicht klar, dass zur Bekämpfung von Krankheiten sogar Grundrechte eingeschränkt werden dürfen. Statt froh zu sein, dass man sie überhaupt noch frei herumlaufen lässt[65], quengeln sie, weil sie nicht das ganze Krankenhaus vollkeimen dürfen. Sie scheinen gar nicht zu begreifen, wieso sie nicht das

63 Würde man auf sie das Bundesseuchengesetz anwenden, könnte man sie vielleicht wie Ausscheider bzw. wie ausscheidungsverdächtige Personen kategorisieren. Ausscheider sind Personen, die Krankheitserreger ausscheiden, ohne selber krank oder krankheitsverdächtig zu sein.

64 Beate Hinkel: »Angst vor Keimen durch Landwirte«, *Deutschlandfunk*, 23. März 2012

65 Man erinnere sich an 1987, als Peter Gauweiler das Bundesseuchengesetz auf Aids-Infizierte anwenden wollte (siehe dazu das Streitgespräch »Aids: Sex-Verbot für Zehntausende«, *Der Spiegel* 3/1987) und die bayerische Staatsregierung einen Maßnahmenkatalog zur Abwehr von Aids beschloss, in dem HIV-Infizierte, die sich »nachweisbar uneinsichtig« zeigten, nach § 37 des Bundesseuchengesetzes eine Zwangseinweisung in Krankenhäuser oder geschlossene Anstalten drohte. Die Zwangstestung von Prostituierten, Strichern, Fixern, Beamtenanwärtern und Afrika-Reisenden – oder auch gleich der ganzen Bevölkerung – wurde in Bayern angedacht.

Recht haben, neben einem Patienten mit einem geschwächten Immunsystem zu liegen.

»Ein ganz geringer Prozentsatz der vorhandenen Keime stammt überhaupt aus der Tierhaltung«, weiß Silvia Breher vom Landvolk Vechta. »Und die Patienten, die erkranken, das ist ja nicht der Keim aus der Tierhaltung.«[66] Fast richtig: MRSA-Infektionen, die unabhängig von medizinischen Maßnahmen auftreten, sind tatsächlich eher selten. Die Patienten, die es normalerweise erwischt, haben zunächst aus völlig anderen Gründen ein geschwächtes Immunsystem oder ein frisch operiertes Knie. Aber wenn dann während des Verbandwechsels der multiresistent verkeimte Landwirt aus dem Bett nebenan rüberniest, dringt dessen Keim ein, die Wunde entzündet sich, das Bein schwillt an – eine ganz gewöhnliche Infektion. Früher hätte einem der Arzt einfach eine Tablette verschrieben, aber diesmal hilft sie nicht, auch das nächste Antibiotikum nicht. Wenn man Glück hat, hilft dann das dritte. Wenn man Pech hat, hilft nicht mal das vierte, das Bein muss amputiert werden und man darf noch froh sein, dass man es überlebt hat. Schon jetzt sterben jedes Jahr 37 000

66 Beate Hinkel: »Angst vor Keimen durch Landwirte«, *Deutschlandfunk*, 23. März 2012

Europäer an Infektionen mit multiresistenten Keimen.[67] In Deutschland sterben jährlich 1500 daran. Dabei glaubten wir, solche Zustände mit der Entdeckung der Antibiotika ein für alle Mal hinter uns gelassen zu haben. Bei allen Vorbehalten gegen die Pharmaindustrie: Antibiotika sind eine großartige Sache. Ihre Entdeckung war eine der bedeutendsten Entwicklungsschritte in der Medizingeschichte. Diese Medikamente machen aus einem lebensgefährlichen Gesundheitszustand innerhalb weniger Tage eine Lappalie. Deswegen ist ihre Wirksamkeit ein wertvolles öffentliches Gut, das man nicht leichtfertig aufs Spiel setzt. Ein schützenswertes Gut. Infekte, die uns heute banal vorkommen, könnten demnächst nicht mehr behandelbar sein. Und auf geht's zurück ins Mittelalter! Ohne wirksame Antibiotika wären weder Transplantationen noch die Versorgung von Frühgeburten möglich. Bis zu 40% der Patienten, die eine neue Hüfte bekommen, würden ohne dieses Medikament eine Infektion erleiden und von diesen würde ein Drittel sterben.

Forscher verschiedener Länder haben sich zusammengetan und fordern internationale Abkommen über den Umgang mit Antibiotika. In der Human-

67 Laut Europäischer Gesundheitsbehörde (ECDC).

medizin *und* in der Landwirtschaft. Die Situation sei ähnlich dramatisch und komplex wie die globale Erwärmung. Multiresistente Keime wandern rund um die Welt. Sogar bei Eisbären hat man welche gefunden. Das Neueste kommt aus Südeuropa: resistente Darmkeime wie KPC und Acinetobacter-Arten, die Wundinfektionen, Meningitis und Lungenentzündung verursachen – und sogar gegen Reserve-Antibiotika resistent sind. Wenn selbst das letzte Mittel nicht mehr hilft, kann man solche Patienten nur noch isolieren – zum Schutz der anderen.[68]

Obwohl es also offensichtlich schon fünf nach zwölf ist, tut sich fast nichts bei der Entwicklung neuer Antibiotika. Bis 1970 wurden mehr als 20 neue Antibiotikaklassen entwickelt. Seit 1970 kamen gerade mal 2 neue Antibiotikaklassen auf den Markt. Es lohnt sich für die Pharmaindustrie nicht. Die Kosten einer Entwicklung sind sehr hoch, die Mittel selber im Verkauf billig, dann sollen sie ja fortan auch noch möglichst wenig angewendet werden[69] und wenn man Pech hat, haben die Keime in ein paar Jahren schon wieder Resistenzen dagegen entwickelt.

68 Jana Schlüter: »Vom Wundermittel zum Alptraum«, *Der Tagesspiegel*, 18. November 2013

69 Ebd.

Die Europäische Gesundheitsbehörde hält multiresistente Keime für die bedeutendste Krankheitsbedrohung in Europa und die Infektologin Helen Boucher von der amerikanischen Tufts University drückt es so aus: »Wir stehen vor einer Katastrophe.«

Die Agrarindustrie sieht lässig über die Bedrohlichkeit dieser Entwicklung hinweg, vor allem über *den* Anteil, den sie daran hat. Wie sie es auch vom Tisch wischt, dass sie kräftig zum Klimawandel beiträgt. Bei Führungspersönlichkeiten der Agrarindustrie oder der Bauernverbände gesellen sich zum Bauernstolz noch der Egoismus und die Rücksichtslosigkeit einer dominanten Alpha-Person. Ob das Klima erwärmt, die Böden ausgelaugt, das Grundwasser verdorben oder Tiere gequält werden, ob die Verfütterung von Soja an europäische Masttiere in anderen Ländern Hungersnöte und Landvertreibungen auslöst, der Export von Hähnchenresten den Geflügelmarkt in afrikanischen Ländern zerstört oder der verschwenderische Einsatz von Glyphosat[70] ein ganzes Ökosystem vernichtet, an

70 Das meistverkaufte Unkrautvernichtungsmittel der Erde killt wahllos alle Pflanzen, die nicht durch Gentechnik oder durch den jahrzehntelangen Einsatz dieses Herbizids eine Resistenz erworben haben. Glyphosat steht in Verdacht, Krebs und Erbkrankheiten auszulösen und direkt oder indirekt am Bienensterben schuld zu sein.

dessen Ende der Mensch steht – was bedeutet das schon gegen das Interesse der Agrarindustrie, ihren Weizen, ihren Raps und ihr verkeimtes Qualfleisch so einfach und effizient wie möglich herzustellen.

Die Argumentationsstrategie der Agrarindustrie und der Bauernverbände ist eine Mischung aus aggressiver 50er-Jahre-Autorität, die den Verbraucher erziehen will, dem Bedienen von Stammtischmeinungen, dem Schulterschluss mit der Früher-war-alles-besser-Generation, dem Abwälzen der Schuld auf andere und den drei großen »V«: Verharmlosen – Verschleiern – Vortäuschen. Instinktiv wissen sie um die Schwächen ihrer Konsumenten und verwenden diese genussvoll gegen sie. Nicht-Bauern haben sowieso keine Ahnung, wie es inzwischen in der Landwirtschaft zugeht. Denen kann man alles erzählen.

Glyphosat?

»Kritiker sollen doch die Kirche im Dorf lassen und der Wissenschaft vertrauen«, empfiehlt Brandenburgs Landesbauernverband. »Pflanzenschutzmittel sind wichtig für uns.«[71]

Multiresistente Keime auf Fleischprodukten?

Kein Problem, wenn das Fleisch erhitzt wird.

71 »Todeszone Raps«, in: *taz.de*, 17. Mai 2014

Das eigentliche Problem ist nicht der Antibiotika-Missbrauch, sondern sind die jungen Leute, die das Fleisch und die Tomaten für den Salat mit demselben Messer und demselben Schneidebrett bearbeiten. Das wusste man früher noch, dass man für Gemüse und Fleisch zwei unterschiedliche Bretter nehmen muss. Aber die jungen Leute heute können ja nicht mehr kochen, denen muss man solche Selbstverständlichkeiten erst wieder beibringen.

Die Weltgesundheitsbehörde bemängelt den routinemäßigen Einsatz von Antibiotika in der Nutztierhaltung und nennt sie als eine der Hauptursachen dafür, dass gerade eines der wichtigsten Medikamente aller Zeiten seine Wirksamkeit verliert?

Wer oder was ist schon die WHO – wahrscheinlich alles Städter. Nur 1 bis 2% aller MRSA-Keime sind eindeutig tierassoziiert. Und was einem noch nicht nachgewiesen werden kann, dafür muss man sich auch nicht verantwortlich fühlen. Die Humanmedizin trägt die Alleinschuld und wo sie die nicht trägt, kommen die Keime von Schmusetieren wie Hund oder Katze, weil die Leute die mit ins Bett nehmen. Ein Bauer würde nie sein Schwein mit ins Bett nehmen.

»Wir verwenden Antibiotika in der Tierhaltung nur, wenn es gar nicht anders geht«, sagt Rainer

Tietböhl, Bauernverbandspräsident aus Mecklenburg-Vorpommern.[72] Man muss gar nicht direkt lügen, um die Unwahrheit zu sagen. Es kommt viel überzeugender rüber, wenn man einfach ein paar kleine Details weglässt. Zum Beispiel, dass die hygienischen Zustände in der Massentierhaltung, das Eingepferchtsein auf engstem Raum und die Schmerzen, die sich allein schon durch die viel zu schnell wachsenden Zuchtlinien ergeben, den Puten und Masthühnern physisch so viel zumuten, dass die Situation »wenn es gar nicht anders geht« in der intensiven Geflügelhaltung praktisch *immer* vorliegt. Folglich werden Antibiotika auch fast immer gegeben und gern auch öfter als einmal. Eine Studie aus Niedersachsen ergab, dass dort in 82% der Masthuhnbetriebe, 77% der Mastschweinbetriebe und 100% der Mastkalbbetriebe Antibiotika eingesetzt werden. Bei manchen Putenbetrieben lag die durchschnittliche Therapiehäufigkeit bei über 80 Einzelgaben pro Tier und Mastdurchgang.[73]

»Dank besserer Haltungsbedingungen, vorbeugender Impfungen und täglicher Kontrollen wer-

72 »Antibiotika: Nur, wenn es gar nicht anders geht«, *Bauernzeitung.de*, 2. Juni 2014

73 Laut einer Studie des BUND vom Januar 2012

den Antibiotika immer weniger und wenn, dann nur nach ärztlicher Anweisung gegeben« (Tietböhl).

Nun, die ärztliche Anweisung dürfte nicht besonders schwer zu bekommen sein, solange Veterinäre an den verordneten Medikamenten mitverdienen. Das Ganze ist formuliert, als würde der Tierarzt jedem Tier einzeln in die Pupille leuchten und ihm dann nach reiflicher Überlegung die Tablette unter die Zunge legen, weil man dem armen kranken Huhn doch helfen muss.

»Wenn Tiere krank sind, müssen sie doch behandelt werden« (Walter Heidl, Präsident des bayerischen Bauernverbandes).[74] In Wirklichkeit werden Geflügelbestände von Zehntausenden übers Trinkwasser medikamentiert. Zu behaupten, das wäre nötig, weil Krankheitsfälle aufgetreten seien, ist so, als würde man sämtliche Einwohner einer mittelgroßen Stadt behandeln wollen, wenn fünf Leute Schnupfen haben. Die Antibiotikagabe ist keine Behandlung eines gelegentlich vorkommenden Krankheitsfalls, sondern die Anpassung der Tiere an grausame Haltungsbedingungen, da sie sonst die paar Wochen bis zur Schlachtreife

74 Karin Seibold: »Tödliche Keime: Die Gefahr aus dem Stall«, *Augsburger Allgemeine*, 26. Januar 2014

nicht überleben würden, jedenfalls nicht in ausreichender Zahl, nicht wenn man das verkeimte Qualfleisch weiterhin zu diesem Preis produzieren will und die Tiere dabei im eigenen Kot stehen lässt. Antibiotika sind das Schmiermittel, mit dem eine Tierhaltung, die den Bedürfnissen der jeweiligen Tiere nicht ausreichend nachkommt, trotzdem am Laufen gehalten wird. Um eine echte Senkung überhaupt möglich zu machen, müssten auch die jetzigen Zustände wieder rückgängig gemacht und die Mindeststandards drastisch erhöht werden: ein Vielfaches an Platz, längere Mastzeiten und der Verzicht auf anfällige Krüppelzuchtlinien wie Hühner, die vor Schmerzen kaum noch laufen können, oder Puten, die vor lauter Brustfleisch vorneüberfallen.

Gesunde Tiere brauchen keine Antibiotika, aber gesunde Tiere nehmen dann auch nicht Tag für Tag 6,5% ihres Eigengewichts zu. Das hätte natürlich deutlich höhere Verkaufspreise zur Folge. Die Landwirtschaft müsste sich von ihrer Fixierung auf Wachstum, Intensivierung und Export verabschieden, die sowieso in absehbarer Zeit zum Scheitern verurteilt ist. Sie müsste ihre Effizienzschraube zurückdrehen.

Unsere Brathähnchen, Puten, Kälber und Schweine sind zu Überträgern gefährlicher Krankheitserreger geworden. Wie Ratten. 50-70% der Schweine und bis zu 90% des Geflügels sind mit MRSA besiedelt.[75] Normalerweise versucht man, Tiere, die gefährliche Krankheiten übertragen, zu dezimieren. Der Landwirtschaft erlaubt man, sie zu vermehren und riesige Ställe damit vollzustopfen. Das geht einfach nicht. Solche Anlagen dürfen nicht mehr bewilligt werden und schon gar nicht dürfen sie subventioniert werden. Das Ende des Antibiotikamissbrauchs in der Tierhaltung würde auch das Ende dieser Extremform von Nutzenmaximierung des Lebendigen bedeuten.

Dummdreist darauf zu beharren, dass diese unhaltbaren Zustände beibehalten werden, beziehungsweise dass in Eigenregie ein wenig daran herumverbessert werden darf, so viel Unverschämtheit kann auch nur ein Industriezweig entwickeln, der seine eigenen Leute in den Kreisämtern sitzen hat und mit den Kontrollbehörden so eng verquickt ist, dass gar keine unabhängigen und wirkungsvollen Kontrollen stattfinden können.[76]

75 Robin Köck, »Staphylococcus aureus / MRSA als zoonotischer Erreger«, auf http://www.gesundheitsforschung-bmbf.de/_media/MedVet-Staph_KoecK_11_02_2014_Verbund.pdf

76 Siehe »Putenmästerin kontrolliert sich selbst«, *Süddeutsche Zeitung* vom 21. Mai 2014.

Die stecken nicht mit der Kontrollbehörde unter einer Decke, die sind die Kontrollbehörde. Dem Konsumenten gleichzeitig zu erzählen, man arbeite und schaffe zu seinem Wohl – höhnischer geht es kaum noch. Was der Agrarindustrie dient, dient noch lange nicht dem Wohl der Gesellschaft.

Man könnte als Verständigungshilfe einen Sprachführer »Bauer–Deutsch« herausgeben:

Bauer: Antibiotika sind doch sowieso schon seit 2006 nicht mehr als Masthilfe zugelassen, sondern werden nur noch auf Anweisung des Tierarztes verabreicht.

Deutsch: Wir machen es genauso wie vorher, aber begründen es jetzt mit Krankheit. Wenn die Tiere als Nebeneffekt auch noch schneller wachsen – da können wir ja nichts dafür.

Bauer: Obwohl wir bereits verantwortlich mit Antibiotika umgehen, werden wir die Mengen trotzdem noch weiter reduzieren.

Deutsch: Viel hilft viel. Und da der Verbrauch in Tonnen gemessen wird, steigen wir zukünftig auf Medikamente um, die bei gleichem Wirkstoffanteil weniger wiegen.

Und dann reiben sie sich die Hände und kichern bauernschlau in sich hinein und begreifen nicht, dass es diesmal sie selber und ihre ebenfalls schon zu 4 bis 5% durchgekeimten Familienangehörigen sein könnten, die es zuerst treffen wird. Sie haben nicht den geringsten Schimmer, von welcher Tragweite es ist, was sie da gerade wieder anstellen. Jedenfalls wollen wir zugunsten der Vertreter des Bauernverbands und der Agrarindustrie annehmen, dass sie nicht mit Absicht die Weltbevölkerung ins post-antibiotische Zeitalter stoßen wollen.[77]

77 Man kann natürlich nicht völlig ausschließen, dass sich auch hier der eine oder andere Psychopath eingenistet hat.

»Lieber hinterher einmal mehr
um Verzeihung bitten,
als zuvor um Erlaubnis fragen«

(Thomas Krause, 2001 Personalleiter beim Kölner Stromhändler Yello, im Interview mit dem *Manager Magazin* über die Grundeinstellung, die ein Manager haben muss)

Durchsetzungsvermögen

Dominanz – und darum geht es, wenn von Durchsetzungsvermögen die Rede ist – bleibt im Alltagsleben der menschlichen Primaten nahezu unsichtbar und ist doch allgegenwärtig. Jedes Mal, wenn wir jemandem begegnen, schätzen wir einander so gnadenlos ab wie zwei Kater, die im selben Revier aufeinandertreffen. Wir klären, wer das Sagen hat, ohne dass darüber ein einziges Wort fällt. Schließlich leben wir in einer Zivilisation, die das unbarmherzige Naturgesetz, nach dem stets der Stärkere sich durchsetzt, als primitiv und menschenunwürdig ablehnt. Aber einer von beiden wird sich unterwerfen, einer wird den Augenkontakt einen winzigen Moment früher abbrechen oder sich in Körpersprache und Tonfall dem anderen anpassen. Unbewusst natürlich. Denn wir wollen gar nicht so genau wissen, wie sehr unsere Gesellschaft immer noch von Überordnung und Unterordnung bestimmt ist. Wir wundern uns bloß, warum selbst bei diesen unheimlich netten jungen Paaren, die sich ganz offensichtlich um Gleichberechtigung bemühen, der überwiegende Teil der Hausarbeit an ihr hängen bleibt, und warum bei gleicher Ausbildung am Ende doch er die Karriere macht. Der Wissenschaftsjournalist Richard Conniff hat sowohl bei Wissenschaftlern als auch bei einflussreichen Menschen selber den Eindruck gewonnen, dass sie »hinsichtlich der Vorstellung von Dominanz so etwas wie kollektive Verleugnung betrieben«. Die Einflussreichen behaupteten, sie würden in keinem anderen Sinn Macht ausüben, als im Sinn von Verantwortung, Führung oder Steuerung, ähnlich wie sie jedes Interesse an Geld abstritten. Und selbst für Biologen schien Dominanz im Zusammenhang mit menschlichen Beziehungen etwas so Verstörendes zu haben, dass sie ständig Euphemismen benutzten und um das Thema herumeierten, um nur ja nicht auszusprechen, um was es eigentlich ging. »Möglicherweise ist die Beschäftigung mit Dominanz genauso unangenehm wie die Erinnerung daran, früher auf dem Schulhof herumgeschubst worden zu sein«, vermutet Conniff.[78] Aber Dominanzverhalten ist absolut natürlich und es macht außerdem Spaß. Ranghohe Tiere haben einen doppelt so hohen Serotoninspiegel wie rangniedere Tiere – das macht sie gesellig und entspannt. Zwar gibt es auch eine Untersuchung, dass der mit Aggressivität und antisozialem Verhalten einhergehende Testosteronspiegel mit jedem Schritt auf der Karriereleiter ansteigt, aber gleichzeitig wurden die höchsten Testosteronwerte nicht bei Chefs, sondern bei Bauarbeitern und Langzeitarbeitslosen gemessen. Wenn man Gelegenheit hat, sein herrisches Verhalten auch auszuleben, wird das durch Endorphinausschüttungen belohnt, so unangenehm es für denjenigen, auf dem gerade herumgetrampelt wird, auch sein mag. Nicht zuletzt verleiht ein dominanter Status sexuelle Anziehungskraft und bedeutet mehr Paarungsgelegenheiten. Deswegen wird es stets Individuen geben, die danach streben, andere zu dominieren. Muss man noch erwähnen, dass auch hier die Psychopathen wieder punkten können, weil ihre rüde Rücksichts-

78 Richard Conniff: *Magnaten und Primaten. Über das Imponiergehabe der Reichen*, Wilhelm Goldmann Verlag 2004

losigkeit gern als Führungsstärke missverstanden wird?

Da Dominanz von Spezies zu Spezies und von Individuum zu Individuum unterschiedlich ausgedrückt wird, ist es für Biologen nicht immer ganz einfach zu erkennen, wer in einer Gruppe das Sagen hat. Es gibt dazu nicht weniger als vier verschiedene Theorien:

1. Das aggressivste Tier ist das dominanteste.
2. Das souveränste Tier, das alle anderen besiegen könnte, aber es nicht nötig hat, ist das dominanteste.
3. Dasjenige, dem die anderen die meiste Aufmerksamkeit schenken, ist das dominanteste.[79]

79 Das würde erklären, warum das Handy selbst in seinen Anfangszeiten, als es noch kein raffinierter kleiner Computer war, sondern nichts als ein mobiles Telefon, schlagartig bei allen Jungs so beliebt wurde. Seit wann sind junge Männer denn an Kommunikation interessiert? Kann sich jemand daran erinnern, dass männliche Teenager in Vor-Handy-Zeiten das Festnetztelefon blockiert hätten, weil sie stundenlang mit ihren Freunden quatschen wollten? Aber plötzlich mussten sie alle unbedingt so ein kleines handliches Teil in der Tasche haben, das durch sein unverhofftes Klingeln die Aufmerksamkeit aller Umstehenden auf sich zog. Aufgrund uralter wahrnehmungs-psychologischer Gesetze erzeugt Aufsehen automatisch Ansehen. Beachtung führt zu Achtung.

4. Das Tier, das als Erstes fressen darf, den besten Ruheplatz und den meisten Sex hat, ist das dominanteste.

Da sich diese Definitionen teilweise gegenseitig bedingen, könnte es auch eine Mischung aus mehreren sein. Einige Biologen meinen sogar, dass Dominanz gar kein festes Persönlichkeitsmerkmal ist, sondern erst in der Beziehung zwischen zwei Individuen entsteht und beim Wechsel des Gegenübers die Sache gleich wieder ganz anders aussehen kann.

Das mag ja vielleicht bei Biologen so sein. Erfolgreiche Wirtschaftsführer und Politiker *sind* dominant, auch wenn ihre PR-Abteilung verbreiten lässt, sie wären total locker drauf. Man schafft es nicht bis in die Chefetage, wenn man nicht rücksichtslos genug ist, Konkurrenten zu verdrängen. Dazu braucht es keine körperliche Gewalt. Körperliche Gewalt ist gesellschaftlich meist verpönt und hätte deswegen unkalkulierbare Konsequenzen. Dort, wo es nicht verpönt ist – Boxkampf, Hells Angels, überhaupt im kriminellen Milieu, teilweise auch im Profifußball –, setzen kräftige dominante Individuen ihre körperliche Überlegenheit selbstverständlich ein. Im gehobenen Management können Rangkämpfe allenfalls durch verbale Aggressivität geführt werden. Ansonsten muss man seinen Führungsanspruch durch

Kühnheit, ja mitunter sogar durch Bildung, Humor, Reichtum oder sogar Stilbewusstsein demonstrieren. Bosse wollen das, was jedes Alphatier umtreibt: Herrschaft, Kontrolle, Status und noch mal Status. Status wollen selbst Beta- und Omega-Menschen (die letzten in der Rangordnung). Wenn irgendetwas unterschätzt wird in dieser Gesellschaft, dann, wie wichtig es für das Seelenwohl der meisten Personen ist, überlegen und beneidenswert zu erscheinen. Wichtiger als Sex womöglich, jedenfalls wichtiger als Geld.

Als Probanden für eine Studie befragt wurden, ob sie lieber 120000 Euro Jahreseinkommen hätten, wenn alle anderen 130000 Euro verdienen, oder lieber 100000 Euro, wenn alle anderen nur 90000 Euro verdienen, entschieden sich die meisten für das absolut geringere Gehalt und verzichteten glatt auf 20000 Euro, solange sie nur mehr als die anderen bekamen.[80] Die Wirkung des Reichtums auf andere ist nun mal der Hauptgrund, warum Menschen überhaupt reich sein wollen.

Über Jahrtausende haben die Reichen und Mächtigen dieser Welt ihren Status mit göttlicher Auserwähltheit legitimiert. Nach der Aufklärung und

80 *FAZ*, 26. Mai 2011

mit der Etablierung der Leistungsgesellschaft kam ihnen gerade noch rechtzeitig die Argumentationslinie in der Evolutionstheorie von Darwin zu Hilfe: Auslese durch Konkurrenz und Durchsetzungsfähigkeit. Eine etwas eigenwillige Auslegung der Idee von »survival of the fittest«, bei der es eigentlich um die beste Anpassung an die Umweltbedingungen geht. Die Sympathisanten der freien Marktwirtschaft stellen sich das folgendermaßen vor: Wie in der Natur besteht auch in der menschlichen Gesellschaft ein allgegenwärtiger Wettkampf, bei dem die Besten sich durchsetzen und die Schwächeren aussortiert werden. Die Auslese der Tauglichsten führt zur Optimierung der gesamten Gesellschaft. Demzufolge wird die Geschichte der Menschheit gern als Erfolgsstory gelesen, in der wir in den vergangenen 100 000 Jahren dank der überlegenen Intelligenz, der Erfindungsgabe und Neugierde unserer Spezies eine ganz erstaunliche Entwicklung durchgemacht und alle anderen Spezies weit hinter uns gelassen haben. Und das vor allem dank einiger besonders kompetenter und durchsetzungsfähiger Persönlichkeiten, die Forschung, Wirtschaft und Kultur unermüdlich vorangetrieben haben.

So war es natürlich nicht. Wenn unsere Geschichte eine Geschichte der Sieger gewesen ist, dann haben sich logischerweise immer nur die Dominantesten und Rücksichtslosesten durchgesetzt, die mit den ausgeprägten Eigeninteressen. Außerdem wurden Angelegenheiten immer nur auf ein und dieselbe Art erledigt. Das Potenzial der friedlicher Gestimmten hat die ganze Zeit brachgelegen und die vielfältigen Möglichkeiten einer Gesellschaft wurden nicht annähernd ausgeschöpft. Dominante Menschen sind zwangsläufig oft egoistische Menschen. Mitgefühl für die Probleme oder Bedürfnisse anderer bedeutet schließlich immer auch Verlust der eigenen Perspektive. Das kann man sich nicht leisten, wenn man nach oben will. Zukünftige Chefs müssen sich im Griff haben, dürfen ihre eigenen Interessen und die der Firma niemals aus den Augen verlieren, bloß weil da irgend ein Tümpel mit den letzten 50 lebenden Graufuß-Molchen gefährdet ist oder 2000 Leute ihre Arbeit verlieren könnten.

Die Geschichte der Menschheit ist deswegen vor allem die Geschichte einiger weniger gewesen, die alles dafür getan haben, kurzfristige Ziele zum eigenen Wohl und zum Wohl der Ihrigen gegen langfristige Ziele zum Wohl aller durchzusetzen. 100 000 Jahre sind eine sehr, sehr lange Zeit, und man fragt sich doch, ob die Entwicklung der Menschheit nicht mitunter recht zäh vorangeschritten ist und wieso es zwischendurch immer wieder lange Jahre, Jahrzehnte, Jahrhunderte der Stagnation gegeben hat. Ist wirklich nicht mehr drin gewesen? Welche Arzneimittel wären wohl entwickelt worden, wenn Pharmafirmen nicht zum Wohle des eigenen Profits, sondern zum Wohle der Menschheit forschen würden? Sich jetzt zum Beispiel mit aller Finanzkraft der Entwicklung neuer Antibiotika widmen würden? Und wenn man potenzielle Wissenschaftler nicht durch unfaire Exklusivität oder durch die rituelle Langweiligkeit der Ausbildung von den Universitäten fernhalten würde? Überhaupt: Welche Erfindungen wären gemacht, welche Kunstwerke[81] geschaffen und welche sozialen Errungenschaften wären etabliert worden, wenn die Mächtigen nicht über Jahrtausende hinweg stets den größten Teil der Gesellschaft unterdrückt und von Entscheidungen, Ressourcen und dem Zugang zu Bildung ausgeschlossen hätten?

81 »Wir wissen, dass die ›große Kunst‹ groß ist, weil maskuline Autoritäten uns dies gelehrt haben. Wir können aber nicht das Gegenteil behaupten, da nur jene mit ihrer außerordentlichen, der unseren weit überlegenen Sensibilität die Größe begreifen und abschätzen können, wobei nichts anderes ihre überlegene Sensibilität beweist, als dass sie den Schmarren bewundern, den sie bewundern.« (Valerie Solanas)

Allein die Gewohnheit, Frauen den Zugang zu Universitäten, Politik und Wirtschaft zu verwehren, hat bis vor Kurzem 50% des gesellschaftlichen Potenzials einfach kaltgestellt. Rechnet man noch die anderen Vorwände dazu, aus denen Menschen der Zugang zu Bildung, Ressourcen und Macht verwehrt wurde und wird – falsche Hautfarbe, falsche Herkunft, falsche Religion, zu arm, usw. –, wird deutlich, dass die Menschheit stets nur einen Bruchteil ihrer Intelligenz und Kreativität genutzt hat, nämlich den, der zufällig gerade bei den Reichen, Mächtigen und Einflussreichen vorhanden war. Dominanz und Intelligenz schließen sich keineswegs aus, nur bedingen sie sich auch nicht gerade. Eine kleine Kaste besonders aggressiver oder sagen wir besser: durchsetzungsfähiger Individuen hat weit größere Teile der Gesellschaft vorsichtshalber daran gehindert, zu zeigen, was in ihnen steckt. Wozu auch? Das hätte ja bedeutet, kurzfristig mit ihnen zu teilen, bloß damit es langfristig allen besser geht. Außerdem stellt sich das Gefühl, »es« geschafft zu haben, nur dann in befriedigender Intensität ein, wenn es genügend andere gibt, die erfolglos bleiben. Die Dominanten wollen nicht das Beste für alle, sondern das Beste für sich. Sie nehmen es sogar in Kauf, selber weniger zu haben, wenn dafür die anderen noch weniger bekommen.

Hauptsache, der Statusunterschied bleibt groß genug, dass sich ein Überlegenheitsgefühl einstellt. Am Ende hat man eine von Eigennutz, sozialer Inkompetenz, Patriarchat und dem zwanghaften Bedürfnis nach Überlegenheitsgefühlen vernebelte Gesellschaft, die weit unter ihren Möglichkeiten geblieben ist und sich selbst dafür lobt, wie toll sie das alles hingekriegt hat. Wer die Macht hat, hat schließlich auch die Definitionsmacht. Über Jahrhunderte den Frauen den Zugang zu Universitäten zu verweigern, und sich dann hinzustellen und die Überlegenheit des eigenen Geschlechts als ewige kosmische Wahrheit darzustellen, die sich schon allein daran ablesen lässt, dass alle wichtigen Erfindungen und großen Konstruktionen stets von Männern gemacht worden sind, dazu gehört schon eine ordentliche Portion Selbstgefälligkeit.

Die Kulturleistungen, die wir den dominanten Alpha-Männern zu verdanken haben, mögen ja ganz beeindruckend sein – zumindest im Vergleich mit der Schimpansenkultur –, aber sie sind nichts im Vergleich zu dem, was alles hätte sein können, wenn wir nicht Jahrhundert für Jahrhundert von den aggressivsten, egoistischsten, raffgierigsten und dabei nicht einmal besonders intelligenten Charakteren geleitet worden wären. Die, die immer wieder verhindert oder zunichtegemacht haben, was intelligentere oder sozialere Artgenossen uns hätten bieten können.

Wenn man unsere Kulturgeschichte mit einem Auto vergleicht, dann sind wir nicht nur mit angezogener Handbremse gefahren, sondern auch mit platten Reifen, dreckigen Zündkerzen und einer verbogenen Lenkung. Und jetzt haben wir uns festgefahren. Wenn wir den Karren wieder aus dem Dreck holen wollen, wird es Zeit, mal die anderen ans Steuer zu lassen – verantwortungsbewusste, sachorientierte, soziale und zur Selbstbeherrschung fähige Leute. Menschen, die in der Lage sind, maßvolle und für die ganze Gesellschaft vorteilhafte Entscheidungen zu treffen. Aber wer soll das sein?

»Für schreibende Frauen ist es völlig selbstverständlich – wie übrigens für die gesamte Gesellschaft –, dass Männer einfach die schlechteren Menschen sind, eigentlich gar keine Menschen sind. Und auf diesen Skandal gibt's bisher keine Antwort.«

(Joachim Lottmann)

Frauen?

Gibt man bei Google die fünf Wörter »Frauen«, »sind«, »die«, »besseren«, »Menschen« ein, und zwar in dieser Reihenfolge, stößt man ausschließlich auf Artikel, in denen vor allem Frauen dieser Behauptung vehement widersprechen.[82] Von einer kommunistischen Kolumnistin der DKP Darmstadt, über eine Kriminologin, einen Männerrechtler, der auch Verfasser von S/M-Ratgeberbüchern ist, bis zur Gender-Professorin Carmen Leicht-

82 Sieht man mal von der Internetseite *Promiflash.de* ab, die dem Rapper Marteria diesen Satz in den Mund legt und im selben Atemzug vermeldet, Marteria könne es überhaupt nicht leiden, wenn Frauen ständig dazwischenreden.

Scholte – alle, alle sagen sie es wie aus einem Mund: »Aber Frauen sind ja nicht die besseren Menschen.« Dazu zwei, nein drei, nein vier Interviews mit Business-Coachin Christine Bauer-Jelinek, die sich dem Kampf gegen die Idealisierung der Frau in allen Lebensbereichen verschrieben hat. Dabei lässt sich auch bei größter Gründlichkeit und eifrigem Gescrolle keine einzige Frau finden, die tatsächlich behauptet, weibliche Menschen seien die besseren. Weder Anne Will, die davon »null überzeugt« ist, noch Alice Schwarzer wollen die vakante Position übernehmen. »Frauen sind nicht etwa die besseren Menschen«, sagt Schwarzer, »sie hatten nur nicht so viel Gelegenheit, sich die Hände schmutzig zu machen.«

Warum also echauffieren sich – inzwischen seit Jahrzehnten – so viele Leute darüber, dass Frauen dies ihrer Meinung nach ständig behaupten würden? Speist sich ihre Gekränktheit immer noch aus den 70er- und 80er-Jahren des letzten Jahrhunderts, als ein mit wallenden Röcken bekleideter Teil der Emanzipationsbewegung ein Bild der Frau als eine Art lebensspendende, sanftmütige und wenig konkurrente Mutterkuh zeichnete? Ein unerträgliches Gesülze war das. Wer will denn so sein? Und selbst diese Blümchen-Emanzen sind bei der Frage »Wollen Sie etwa behaupten, dass Frauen die besseren Menschen sind?«, die ihnen in den 3nach9-Talkshows entgegengeblafft wurde, jedes Mal brav zurückgerudert: Um Gottes willen, nein! Natürlich nicht!

Warum eigentlich nicht? Wenn man dem Guten eine objektive Realität zuschreibt und der Definition folgt, ein Mensch gelte als gut, wenn er sozial erwünschte Eigenschaften aufweist und das moralisch Akzeptierte macht, kurz: wenn er »ein Netter« ist, dann ist die Sache doch eigentlich klar.

Es gibt ein genetisches Merkmal, das mit an Sicherheit grenzender Wahrscheinlichkeit eine Ursache kriminellen Verhaltens ist. Die Zahlen sind eindeutig, die Zuverlässigkeit ist international bestätigt. In Europa besitzen 93% bis 96% aller Strafgefangenen dieses Merkmal und bei Gewaltverbrechern und Sexualstraftätern ist die Zahl vermutlich noch höher. Es wäre nicht abwegig, Menschen, die diese genetische Eigenart in sich tragen, deutlich höhere Steuern und Versicherungsbeiträge abzuverlangen, aufgrund all der Schäden und Kosten, die ihresgleichen der Gesellschaft aufbürden. Der Soziologe Walter Hollstein hat 1998 ausgerechnet, dass durch »fehlgeleitetes Ausleben der traditionellen Männlichkeit« – gemeint ist Kriminalität – dem deutschen Staat ein jährlicher Schaden von 29 Milliarden Mark im

Jahr entsteht.[83] Das wäre die soziologische Erklärung. Ein Verhaltensbiologe würden sagen: durch das Vorhandensein eines Y-Chromosoms. Neuere Hormon- und Gehirnuntersuchungen unterstützen die Annahme, dass die Neigung zu Aggression und Gewalt in Männern angelegt ist.

Aber nein, Männer sind keine schlechteren Menschen – sie sind nur signifikant gewalttätiger. Aber nein, Männer sind keine schlechteren Menschen – sie haben nur weniger Mitgefühl und Empathie für andere. Aber nein, Männer sind keine schlechteren Menschen – sie haben bloß an den internationalen Finanzplätzen gezockt, bis beinahe der Finanzmarkt zusammenbrach.

Im Grunde wissen wir es alle: Wenn irgendwo ein Bushäuschen zertrümmert worden ist, taucht vor unserem inneren Auge nicht das Bild einer randalierenden Seniorin auf, sondern das eines um sich tretenden und schlagenden jungen Mannes. Oder mehrerer. Jedenfalls jung, und jedenfalls Mann. Eins davon wird auf alle Fälle zutreffen, höchstwahrscheinlich sogar beides. Zwar gibt es inzwischen einen Anstieg rein weiblicher Gangs, überhaupt einen Anstieg weiblicher Kriminalität, man kann

83 Barbara Supp, »Mars schlägt Venus«, *Der Spiegel*, 23. Februar 98

nicht ganz und gar ausschließen, dass da eine junge Frau die Glasscheiben eingetreten hat, aber bis die Frauen beim Bushäuschenvandalismus gleichgezogen haben – dieser Weg ist noch weiter als der in die Chefetagen. Deswegen geht uns eine lärmende Mädchenbande, die in die U-Bahn steigt, auch bloß auf die Nerven, eine Gruppe männliche Krakeeler versetzt uns hingegen in Alarmbereitschaft.

Brennt irgendwo ein Auto oder wurde eine Bank überfallen – wir dürfen davon ausgehen, dass es ein Mann war.[84]

Bestellt jemand beim Griechen den großen Hierfür-sind-mindestens-zehn-Tiere-gestorben-Olympia-Teller – sehr wahrscheinlich ein Mann.

Wenn jemand in einer Schule Amok läuft oder eine islamistische Terrororganisation gründet – sehr wahrscheinlich ein Mann.

Wenn eine aufgeschlitzte Leiche im Straßengraben liegt oder ein im Afterbereich zerfetztes Pony auf der Weide steht – höchstwahrscheinlich ein Mann. Natürlich kann nicht hundertprozentig ausgeschlossen werden, dass eine Frau die Täterin war, aber ein Profiler, der sich bei der Tätersuche auf den weiblichen Teil der Bevölkerung konzentrieren würde, hätte seinen Beruf verfehlt. Frauen

84 In RAF-Zeiten war das kurzfristig anders.

verursachen nicht nur weniger Straftaten, ihre Verbrechen sind auch generell weniger brutal als die der Männer. Wenn sie im Gefängnis landen, dann meist wegen Diebstahl und Drogendelikten. Natürlich gibt es auch gewalttätige Frauen. Untersuchungen aus Schottland ergaben, dass 7,2% der Opfer häuslicher Gewalt Männer in heterosexuellen Beziehungen sind. Der häufigste Ausdruck von Gewalt, die diese Männer von ihren Frauen erfuhren, war Stoßen (88%), Gegenstände wurden nach 75% geworfen, gefolgt von Beschädigungen ihres Eigentums (55%). Ebenfalls 55% haben angegeben, körperlich verletzt worden zu sein. Aber keiner dieser Männer hat medizinische Hilfe in Anspruch genommen.[85] Frauen, die Männer so misshandeln, dass diese Männer mit gebrochenem Kiefer, zerquetschtem Augapfel oder Schädelhirntrauma im Krankenhaus landen, sind äußerst selten. Irgendwo wird sich bestimmt eine auftreiben lassen, aber das würde sich erheblich aufwendiger gestalten, als die männliche Ausgabe zu finden.

Zu behaupten, dass Männer die schlechteren Menschen sind, ist natürlich etwas heikel in einer

85 Gadd/Farral/Dallimore: »Domestic Abuse against Men in Scotland«, Scotish Executive Central Research Unit

Welt, in der die schlechteren Menschen das Sagen haben. Ungefähr so, als würde man es seinem Chef unter die Nase reiben. Unterdrückte Gruppen begnügen sich normalerweise damit, sich als maximal gleichwertig darzustellen. Schon das macht genug Ärger und wird Mindguards selbst aus den eigenen Reihen mobilisieren, die die Herrschenden durch vehementen Widerspruch zu besänftigen suchen. Aber wenn man die Sache nicht beim Namen nennt, kommt man auch nicht weiter.

Von naturgegebenen Geschlechtsunterschieden zu sprechen, etwa dass Frauen bei der Berufswahl mehr Wert darauf legen, dass sie in ihrer Arbeit einen Sinn sehen und respektvoller miteinander umgehen – all das zu behaupten, war bis zum Zusammenbruch der Finanzmärkte keine große Sache. Nicht, solange Risikofreudigkeit und das übliche aggressive Managerverhalten noch durchweg als erfreuliche Fähigkeiten angesehen wurden und der sachorientierte und auf gegenseitiges Verständnis bedachte Führungsstil von Frauen sowie ihr mit Empathie verknüpftes Denken als Beleg dafür, dass sie eigentlich besser an den Herd gehören. Mit Werten wie Moral, sozialer Verantwortung, Gerechtigkeit und Einfühlungsvermögen war in der Wirtschaftswelt vor dem September 2008 kein Blumentopf zu gewinnen. Noch eine Woche nach dem Zusammenbruch von Lehman Brothers titelte *Der Spiegel* mit »Die Biologie des Erfolgs. Warum Frauen nach Glück streben und Männer nach Geld«. In dem dazugehörigen Artikel ging es darum, dass Frauen für Karrieren nicht so recht geschaffen seien, da sie zwar Disziplin und Einfühlungsvermögen besäßen und soft skills, wie aktiv zuhören zu können, Teams zu bilden, Mitarbeitern empathisch zu begegnen und sie zu motivieren und zu fördern, jedoch einfach nicht genug Ehrgeiz für den Wettbewerb besäßen. Sie hielten keinen Druck aus, bzw. seien einfach nicht gierig genug auf Status und Geld, um dafür einen 16-Stunden-Tag in Kauf zu nehmen. Zu weichlich eben, kein Stehvermögen, und dazu zeigten sie sich auch noch weniger risikobereit als Männer. Irgendwie liebenswert, aber aufgrund ihrer biologischen Ausstattung unzureichend gerüstet für den Konkurrenzkampf in Führungsetagen. Was ihnen fehle, sei das Erfolgs-Gen.

Nach der Finanzkrise hielt in einigen Chefetagen die Erkenntnis Einzug, dass Moral und soziales Verantwortungsbewusstsein möglicherweise doch keine Behinderungen wären. Männliche Risikobereitschaft, männliches Hierachiedenken, Durchsetzungsvermögen und Selbstbewusstsein hatten schließlich sichtbar versagt. Man gab sich dem Gedankenspiel hin, ob Frauen, wenn sie in den Führungsetagen hätten mitentscheiden können, die Krise gemildert oder sogar verhindert hätten. Klaus Schwab, der Gründer und Präsident des Weltwirtschaftsforums in Davos, zog den Schluss, dass mehr Frauen in Führungspositionen von Regierungen und Banken müssten, »um künftig solche Krisen abzuwehren«.[86] Plötzlich war es sogar möglich, dass eine Frau – Mary Shapiro – zur Chefin der US-Börsenaufsicht gemacht wurde.

Studien wie die des Forschungsinstituts »The Conference Board of Canada« ergeben, dass sich weibliche Aufsichtsräte an Prüfberichten und anderen Kontrollmechanismen tatsächlich interessierter zeigen und sie konsequenter einfordern als die männlichen Aufsichtsratsmitglieder.[87]

Wenn man sich Finanzskandale anschaut, entsteht auf den ersten Blick der Eindruck, einzelne Individuen von moralischer Abnormität hätten den ganzen Schaden im Alleingang angerichtet. Etwa der Investmentbanker Nick Leeson, der in den 90er-Jahren als der Mann bekannt gewor-

86 Stephan Jansen: »Merkwürdigkeiten aus der Manege des Managements. Frauen! Feminisierung der Führung«, in *brand eins*, 04/2010

87 Hamann/Niejahr: »Die Weiberwirtschaft«, *Zeit online*, 6. September 2009

den ist, der die britische Baring Bank im Alleingang zerstörte. Seine von Anfang an auflaufenden Verluste verbuchte er auf einem bereits eingerichteten, aber bis dahin ungenutzten Firmenkonto mit der Kontonummer 88888. Seine Vorgesetzten in der Baring Bank erfuhren nur von den Gewinnen und waren so beeindruckt, dass Leeson zum Star-Trader aufstieg – während sich gleichzeitig Verluste bis zur Höhe von 825 Millionen Pfund Sterling ansammelten und die älteste Investmentbank Englands Konkurs ging. Oder der Japaner Yasuo Hamanaka, der 1996 seinem Arbeitgeber 1,6 Milliarden Dollar Verluste gestehen musste.

Oder der ghanaische Börsenzocker Kweku Adoboli, der bei der Schweizer Großbank UBS durch nicht autorisierte Handelsspekulationen 2011 einen Verlust von 2,3 Milliarden US-Dollar erwirtschaftete. Oder der Franzose Jérôme Kerviel, der der französischen Bank Societé Générale 2008 Verluste von 4,82 Milliarden Euro bescherte. Alle gelten sie offiziell als Einzeltäter. Aber so einfach ist das nicht. Forscher haben amerikanische Finanzskandale ausgewertet und den Prozess des typischen Wirtschaftsverbrechens analysiert. Zu Beginn steht die Suche nach einem Komplizen, der ein Auge zudrückt. Oft sind das neue Kollegen, die ihre Karriere an das Wohl des Haupttäters binden.

Wirtschaftskriminalität kommt besonders häufig in Unternehmen mit steiler Hierarchie vor, sprich: besonders männlich strukturierten Unternehmen. Mehr weibliche Aufsichtsräte täten solchen Firmen und Banken also in doppelter Hinsicht gut.

Nun sind Männer und Frauen ja keine unterschiedlichen Spezies. Abgesehen davon, dass die Letzteren die Kinder kriegen, gibt es mehr Gemeinsames als Trennendes. Die Unterschiede, die sich innerhalb des männlichen Geschlechts finden lassen, zum Beispiel der zwischen einem 20-jährigen Sozialpädagogen und dem 60-jährigen Vorstandsmitglied eines Großkonzerns, sind wesentlich größer als die zwischen Durchschnittsmann und Durchschnittsfrau. Und bei aller Begeisterung für Biologismus[88] – es ist noch nicht einmal eindeutig, wer bei dem komplexen Zusammenspiel von Genen, Kultur und Erziehung wann gerade wen beein-

88 DNA-Analysen haben schon zu den abenteuerlichsten Gen-Entdeckungen geführt. Außer dem männlichen Erfolgs-Gen wurde auch schon ein Schwulen-Gen, ein Diktator-Gen, ein Sucht-Gen, ein Krieger-Gen oder ein Dicken-Gen bemüht, die, wie sich im Nachhinein herausstellte, doch meist eher der Sehnsucht nach einfachen Erklärungen zu verdanken waren als einer tatsächlichen Veranlagung.

flusst. So gibt es die Theorie, dass sich die typischen Eigenschaften eines Alphatiers, wie Dominanz und Selbstbewusstsein oder gar Aggressivität erst herausbilden, wenn jemand bereits die Karriereleiter hinaufgestiegen ist, weil sich dadurch die Funktionsweise seiner Gene zu ändern beginnt.

Man sollte sich also hüten, Menschen oder andere Primaten zu reinen Ausführungsorganen ihres Erbguts zu degradieren und ihnen einzureden, es wäre unabänderliche Determination, wenn ein Mann nicht zuhören will oder eine Frau ihren Kleinwagen beim Einparken hoffnungslos verkantet.

Andererseits lässt sich aber auch nicht übersehen, dass in jeder, wirklich jeder Gesellschaft Männer bevorzugt werden.[89] Nie und nirgends gibt oder gab es einen Staat, in dem Frauen alle wichtigen Regierungsposten besetzt hielten. Diese absolute Männerdominanz kann nicht durch zufällige kulturelle Konstellationen entstanden sein, da müsste schon mal die eine oder andere Abweichung vorkommen. Will man nicht der Bibel folgen, die diese Tatsache damit erklärt, dass Gott es so gewollt hat, dann muss ein angeborener Unterschied zwischen

89 Matriarchate im Sinne von Frauenherrschaft sind Wunschdenken oder Angstphantasien und historisch nicht belegt.

Männern und Frauen die Ursache sein. Liegt es an der Körperkraft? Warum herrschen dann 60-jährige Männer über 20-jährige Männer? Am Verstand? Warum herrscht dann das Geschlecht mit dem weniger vernetzten Gehirn? Wie wäre es damit:

Einer der immer wieder festgestellten Unterschiede zwischen Männern und Frauen ist, dass es bei den Männern mehr Extreme gibt – mehr Genies und mehr Idioten, mehr Milliardäre und mehr Obdachlose, mehr rigide Abstinenzler und mehr Alkoholiker. Das Pendel schlägt in die eine wie die andere Richtung weiter aus. Abweichungen vom Durchschnitt sind stärker und häufiger als bei Frauen, bei denen sich die Werte enger um den Mittelwert konzentrieren. Die Einsteins, Rembrandts, Freuds und David Bowies unter den Männern bleiben leider trotzdem die Ausnahme. Und die Richard Fulds und Bernie Madoffs, die risikobereiten, rücksichtslosen und wenig sozialen Alpha-Persönlichkeiten, sind das zum Glück eben auch – Ausnahmen. Sonderfälle. Durchschnittliche, also normale Männer orientieren sich wie normale Frauen an Gesetzen und gesellschaftlichen Werten wie Fairness und Gerechtigkeit. Das geht jetzt nicht so weit, dass sie auch mal das Klo schrubben würden – aber insgesamt bemühen sie sich, ihren Anteil beizusteuern. Das macht nämlich für beide

Geschlechter Sinn. Soziales Verhalten der Mitglieder untereinander stärkt eine Gemeinschaft, was wiederum für die einzelnen Mitglieder vorteilhaft ist, weil sie von dieser Gemeinschaft abhängig sind.

Noch größere Vorteile bietet es allerdings, innerhalb einer sozialen Gemeinschaft derjenige zu sein, der ausschließlich an sich selbst denkt. Das WG-Mitglied, das nie einkauft oder abwäscht, aber beim Essen immer der Erste ist und den anderen die Soja-Joghurts aus dem Kühlschrank klaut. Oder der Hedgefonds-Manager John Paulson, der zu einem Zeitpunkt, als der Niedergang des US-Immobilienmarktes bereits abzusehen war, ganz neue, schicke Hypothekenderivate für die Bank Goldman Sachs zusammenstellte und unter die Anleger bringen ließ. Für die Anleihe Abacus 2007-AC1 empfahl er lauter Kredite, die gerade faul zu werden drohten. Und darauf wettete er gleichzeitig – auf den Zusammenbruch des Immobilienmarktes. Und gewann auch. Mit 3,7 Milliarden Dollar Gewinn wurde er »King of Cash« 2007.[90]

Wer skrupellos ist – Waffen nach Darfur verkaufen? Warum eigentlich nicht? –, hat gegenüber denjenigen, die sich noch an gewisse Spielregeln halten,

90 Eine Auszeichnung des Investmentmagazins *Alpha* für den jährlichen Bestverdiener im Finanzgeschäft.

einen Vorsprung und kann die weniger spontanen Konkurrenten überflügeln. Oft wird beklagt, dass die Karrierestrukturen der Konzerne, Banken oder Parteien von Männern für Männer gemacht seien. Aber so allgemein stimmt das gar nicht. In den Chefetagen sitzen schließlich gar keine typischen Männer, sondern Ausnahmepersönlichkeiten, extreme Pendelausschläge von Männlichkeit. Die Karrierestrukturen wurden von überdurchschnittlich dominanten, ehrgeizigen und unsozialen Alpha-Männern für überdurchschnittlich dominante, ehrgeizige und unsoziale Alpha-Männer gemacht, für Herren alter Schule, amüsant, eitel, autoritär und immer etwas zu laut. Basta! Diese Typen sind es, die darüber bestimmen, wie das Leben der Menschheit aussieht und wie lange es noch dauern wird.

Und weil sie so erfolgreich sind, beziehungsweise nicht zulassen, dass andere, Intelligentere und Kompetentere zum Zug kommen, haben sich ihre Eigenschaften – auch die eher unangenehmen – als Norm für Männer etabliert. Wer mitmischen will, muss sich dem System fügen. Rangordnung vor Inhalt. Männer (und Frauen), die eine Karriere anstreben, dürfen nicht hierarchiebefreit, sachorientiert und auf gegenseitiges Verständnis bedacht sein.

Wenn man die Perspektive einnimmt, den Alpha-Mann als das Standardmodell, das Maß aller Dinge zu betrachten, so kommt man – immer brav und stur innerhalb dieses Systems denkend und folgernd – unweigerlich zu dem Schluss, Frauen seien Mangelwesen, genetisch unzureichend ausgestattet, weil sie so dumm sind, Rücksicht zu nehmen. Soziale Kompetenz und Verantwortungsbewusstsein erscheinen dann als peinliche Fehler und Mitgefühl als Schwäche. So sehen das ja auch die Psychopathen. Und wir, die restliche Menschheit, sind gehirngewaschen, darauf getrimmt, dass der alpha-männliche Weg der richtige, der einzig gangbare sein soll, da können noch so viele Studien belegen, dass Firmen mit einem höheren Frauenanteil wirtschaftlich besser dastehen.[91] Weil Härte, Risikobereitschaft, Selbstüberschätzung und soziale Minderbemitteltheit normalen Männern gar nicht in die Wiege gelegt sind, jedenfalls nicht im verlangten Ausmaß, müssen sie von den allermeisten Männern erst mühsam erlernt und in endlo-

91 Zum Beispiel stellte die Unternehmensberatungsfirma McKinsey in ihrer Studie »woman matter« fest, dass Firmen mit mehr als 3 Frauen im Vorstand mit ihrem Gewinn 48% über Branchendurchschnitt lagen. (Nach Marion Weckes, Hans-Böckler-Stiftung)

sen Anstrengungen und kräftezehrenden Kämpfen unter Beweis gestellt werden. Da sitzen sie dann in ihren hierarchisch organisierten 16-Stunden-Jobs, halten das für männlich und damit für den Beweis, dass sie es geschafft haben, und sind in Wirklichkeit so kreuzunglücklich, dass sie Depressionen bekommen. Das heißt, da sie Männer sind, bekommen sie natürlich keine Depressionen, sondern Burn-out. Männer färben ja auch nicht ihre Haare, sondern tunen, und sie trinken auch kein Weibergesöff wie Cola light, sondern Cola Zero. Was für ein Krampf. Die armen Kerle. Schon kleine Jungen werden in Computerspielen darauf dressiert, ihren Bezug zur Welt über Macht und Status zu finden, »Erbaue eine mächtige Burg! Erobere Länder und Kontinente! Herrsche über die Welt! Werde eine Legende!«.[92]

Von dem Gedanken abzurücken, charakterliche Extremindividuen als die männliche Norm zu betrachten, wäre für die meisten Männer vermutlich ungeheuer erleichternd. Gehört Konkurrenzdenken wirklich unverzichtbar zur männlichen Identität? Wenn man sich anschaut, was in unserer Gesellschaft als männlich gilt, dann geht es immer

92 Fernsehwerbung des Echtzeitstrategiespiels *Goodgame Empire*.

um Eigenschaften, die man braucht, um über andere zu triumphieren. Sieg oder Niederlage. Bah! Langweilig!

Solidarität entdeckt man erst wieder in der Abgrenzung zu Frauen, die alle Männer in grundsätzlicher Überlegenheit wieder miteinander vereint und die kleinen Jungen entsetzt aufschreien lässt: »Nein, ich will nicht zum Reitunterricht. Das machen nur Mädchen!«

So schafft man über alle Hierarchie-Rangeleien hinweg eine scheinbare Gruppenidentität. In Wirklichkeit schließen die Anforderungen, die an Führungskräfte gestellt werden, aber nicht nur die meisten Frauen aus, sondern auch fast alle Männer. Männer neigen vielleicht insgesamt, also im Mittelwert, eher zu Ringkampf, Risiko und Uneinsichtigkeit. Aber das komplette Fehlen sozialer Kompetenzen trifft nur auf einige wenige zu. Gerade die jungen Männer lassen sich nicht mehr einreden, dass an erster, zweiter und dritter Stelle die Karriere kommen muss. Sie wollen nicht nur als Zaungast am Leben ihrer Familie teilhaben und sie wollen auch nicht danach bewertet werden, wie viel Zeit sie im Büro verbringen, sondern nach ihrer Leistung. Und ja, die Arbeit darf auch ruhig Spaß machen.

Ab 2016 müssen laut Vorgabe der Koalition 30% der deutschen Aufsichtsratmitglieder weiblich sein, was aber nur für die hundertzehn »voll mitbestimmungspflichtigen und börsennotierten« Unternehmen gilt. Das dürfte keine allzu große Zumutung sein, da es sowieso bereits etwa 20% weibliche Aufsichtsräte gibt. Für die Vorstände gilt überhaupt keine Quote. Hier setzt die Regierung auf Selbstverpflichtung. Selbstverpflichtung bei dominanten Alpha-Männern? Wie soll das denn aussehen? Trotzdem wird gejault, wie sich jetzt auf die Schnelle 200 bis 258 qualifizierte Frauen für die Aufsichtsräte finden lassen sollen. Dabei wäre es für Wirtschaft, Politik und Gesellschaft doch ein guter Anlass, sich endlich an die Bedürfnisse moderner Menschen anzupassen. Es ist nicht das fehlende Erfolgsgen, das Frauen davon abhält, sich um eine Stelle in einem Aufsichtsrat zu bewerben, oder davon abgehalten hat, eine Karriere einzuschlagen, die sie dafür qualifizieren würde.[93]

Es sind die fehlende Infrastruktur zur Kinderbetreuung und unzumutbare Arbeitszeiten, die Müttern schulpflichtiger Kinder im Weg stehen. Wenn eine Gesellschaft möchte, dass verantwortungs-

93 Wäre es tatsächlich so, dass Frauen aufgrund eines nicht vorhandenen Karriere-Gens gar nicht an die Konzernspitzen wollen, dann hätte man ihnen den Zugang zu Bildung und Beruf ja nicht über Jahrhunderte verbieten müssen, dann hätte sich das von ganz allein geregelt.

volle, kompetente, sozial funktionierende und sachorientiert arbeitende Spitzenkräfte in den Top-Positionen sitzen und die Entscheidungen treffen – und das dürfte ja wohl das Ziel sein –, dann darf der Weg nach oben nicht davon abhängen, dass man keine Kinder hat und bereit ist, 16 Stunden am Tag zu arbeiten. Was spricht denn dagegen, alternative Karrierewege zu unterstützen, Kinderbetreuung zu organisieren und fähige Mitarbeiterinnen, die öfter für einige Zeit aussteigen oder flexible Teilzeit arbeiten, aufsteigen zu lassen – außer, dass man dann nicht mehr unter sich wäre?

Wenn man Frauen in die Aufsichtsräte lässt, aber darauf besteht, dass trotzdem weiter nach den alten Spielregeln gespielt wird, werden sich auch nur solche Frauen bewerben und durchhalten, die bereit sind, für Geld und Status auf eine Familie oder sogar auf eine Partnerschaft zu verzichten. Die gibt es ja schließlich auch. Es ist die einzelne Person, nicht das Geschlecht, die ein Verhalten an den Tag legt. Und es werden nicht unbedingt besonders soziale und empathische Frauen sein, die sich auf einen solchen Knochenjob bewerben. Nicht nur Frauen, alle Menschen, die emotional ihre sieben Tassen im Schrank haben, benötigen andere, vor allem flexiblere Arbeitszeitmodelle, als für Führungskräfte derzeit noch vorgesehen sind. Aber Frauen eben besonders – solange immer noch sie es sind, die die Zuständigkeit für die Kinder haben.

Damit wir uns richtig verstehen: Es kommt nicht darauf an, dass Menschen in Führungspositionen von nun an alle einen Busen haben sollen, sondern dass sie soziale und moralische Kompetenzen besitzen. Es geht jetzt nicht um Luxusbedürfnisse wie Gerechtigkeit oder Fairness. Es geht gerade ums nackte Überleben. Die Trümmerfrauen der Wirtschafts- und Klimakrise sollen bloß den Karren wieder aus dem Dreck ziehen und das Schlimmste verhindern, damit wir noch einmal am Weltuntergang vorbeischrammen. Danach kann man sie ja wieder herausekeln. Es wäre genauso gut, wenn man sämtliche Posten mit verantwortungsvollen und sozialen Männern besetzen könnte. Eine hundertprozentige Männerquote wäre völlig tolerabel, wenn die Konzerne bei der Einstellung ihrer geschäftsführenden Vorstandsmitglieder nicht nur die Psychopathen aussortieren würden, sondern auch die ganz normal egoistischen, risikoaffinen, unsozialen und aggressiven Alpha-Männer. Aber warum sollten sie das tun? Unternehmen wollen keine Vorstandsmitglieder, die gut im Team arbeiten oder tolle Ideen haben, wie man die CO_2- Bilanz verbessern könnte, sondern Vorstandsmitglieder, die Gewinne einfahren. Und zwar kurzfristige, die auf der nächsten Aktionärsversammlung für Begeisterung sorgen. Und die größten kurzfristigen Gewinne werden gemacht, wenn man dabei rücksichtslos und egoistisch vorgeht. Also werden Unternehmen bei der Einstellung auch weiterhin nach den üblichen verhängnisvollen Unternehmertugenden Ausschau halten. Die Alphatiere werden nicht in sich gehen und sich dann aus lauter Einsicht selbst abschaffen. Wenn man sie zwingt, Frauen einzustellen, werden sie deswegen nicht plötzlich nach Vorzügen wie integratives Denken, soziale Verantwortung oder Gerechtigkeitsempfinden Ausschau halten, sondern versuchen, Frauen einzustellen, die Alpha-Männern in nichts nachstehen. Weil sie sich von solchen Frauen Gewinne versprechen. Bei den festgestellten Geschlechtsunterschieden geht es schließlich bloß um Mittelwerte. Und genauso wie es Männer gibt, die am liebsten in Filzpantoffeln durch die Wohnung schlurfen, ihre Kakteen pflegen und Wollpullover für ölverschmierte Pinguine stricken, gibt es dominante, von sich selbst überzeugte, risikobereite Frauen, die geradezu versessen auf Karriere sind – nur im Durchschnitt verhält es sich eben anders. Emotionale Minderbemitteltheit, ethische Leichtfertigkeit, Geldgier und Machtversessenheit wird man bei Männern viel leichter finden, aber wenn die Quote niedrig genug angesetzt wird, lassen sich auch die entsprechenden Frauen auftreiben. Selbst weibliche Psychopathen ließen sich finden, wenn man unbedingt wollte. Je niedriger die Quote, desto mehr wird das Verhalten der neu eingestellten Frauen dem ihrer Vorgänger ähneln.

Deswegen müssen die Regierungen als Normengeber einspringen. Und da man den mächtigsten Männern der Welt schlecht sagen kann: Ihr müsst abtreten, weil ihr problematische Charaktere seid, da könnt ihr zwar auch nichts dafür, aber wenn wir euch weitermachen lassen, werden wir alle draufgehen – ist es am wenigsten heikel, einfach den Gerechtigkeitsaspekt vorzuschieben. Also doch Frauenquote, weil es praktikabel und durchsetzbar ist. Die müsste dann allerdings gleich bis in die Vorstände und Regierungsparteien hineinreichen und so hoch – unter 50 % würde sich beim vorgeschobenen Gerechtigkeitsaspekt ja sowieso verbieten – und so kurzfristig angesetzt sein, dass Firmen und Parteien gar nicht genug Zeit bleibt, für sämtliche Stellen Frauen aufzutreiben, die ihren Vorstellungen entsprechen. Nur so kann man sich darauf verlassen, dass die neuen Führungskräfte deutlich anders agieren als ihre Vorgänger und neue Führungsqualitäten erschlossen werden.

Der Widerstand gegen eine Frauenquote basiert

oft auf der Befürchtung, dann würde nicht mehr nach Eignung, sondern nach Geschlecht eingestellt, sodass in den Firmen schlagartig ein Leistungsabfall entstünde, durch lauter weibliche Mitarbeiter, die nur halb so gut sind wie die Männer, die man stattdessen hätte einstellen können. Dabei wird irrtümlich vorausgesetzt, dass männliche Führungskräfte ausschließlich nach rationalen Kriterien eingestellt werden. Aber die Chefetage ist eine inzestuöse Welt. Männer holen andere Männer ins Team, weil sie sie beim Golfen oder Kartenspielen kennengelernt haben oder aus irgendwelchen dubiosen Gründen sympathisch finden. Adidas-Chef Hainer etwa schätzt Mitarbeiter, die ihn an sich selbst erinnern.

Der Durchschnittsmann muss also nicht gleich panisch werden, wenn in den Führungsetagen plötzlich haufenweise Menschen ohne Penis sitzen. Das ist lange nicht so schlimm und folgenreich wie Menschen ohne Gewissen.

»Hoffnung erzeugt eine Binnenrationalität der Hoffenden, die man auch Blödheit nennen könnte.«

(Arnold Retzer)

Sintflut!

Die ›Tragik der Allmende‹[94] besteht darin, dass eine begrenzte Ressource, die allen Menschen uneingeschränkt zur Verfügung steht, die Menschen dazu verleitet, so viel wie möglich für sich herauszuholen. Alle Dorfbewohner wollen ihre Kühe, Ziegen und Enten auf der kleinen Gemeindewiese fressen lassen. Weil es nichts kostet. Alle Konzerne der Welt wollen ihre Energie mit Kohle oder Öl erzeugen, weil das am billigsten ist. Natürlich wäre es besser,

94 Das Wort ›Allmende‹ bezeichnet ursprünglich eine Gemeindewiese, ein Gewässer oder ein Stück Wald, das sich im gemeinschaftlichen Dorfbesitz befindet und von allen Dorfbewohnern genutzt werden darf.

der Gemeindewiese zwischendurch Zeit zu geben, sich wieder zu erholen. Aber wenn man nicht gleich die eigenen Ziegen daraufstellt, kommt einem womöglich der Nachbar zuvor. Also schnell abstecken. Natürlich wäre es besser, seine Energie nachhaltig zu erzeugen, auch wenn das teurer kommt. Aber was soll man machen, wenn China nicht mitzieht? Dann werden nicht mehr unsere Produkte, sondern die der Chinesen gekauft, die viel billiger anbieten können, weil sie weiterhin Kohle benutzen. Dabei fällt mindestens genauso viel CO_2 an.[95] Da können wir doch gleich selber bei Kohle bleiben.

Eine zerstörerische Dynamik, die nur so lange funktioniert, wie noch genug Grashalme auf der Gemeindewiese stehen und genug Kohle und Öl-Ressourcen vorhanden sind, und solange dieser Planet in der Lage ist, die ausgestoßene CO_2-Menge auch wieder abzubauen. Sobald das nicht mehr der Fall ist, versucht trotzdem jeder weiterhin rauszuholen, was noch rauszuholen ist. Denn wenn ich es nicht mache, dann tut es ja ein anderer. Für den Einzelnen – ob Individuum oder Konzern – ist der Gewinn immer wesentlich höher als

95 Ein Viertel der Energie, die in China verbrannt wird, produziert Plastikkram für Europa und Amerika.

die Kosten, die er dabei verursacht. Den schnellen Gewinn steckt er nämlich allein ein, die dicke Rechnung kommt später und wird aufs ganze Dorf, bzw. die gesamte Menschheit umgelegt. Am Ende ist aus der kleinen Gemeindewiese ein zertrampeltes Matschgrundstück geworden und sie muss im nächsten Jahr völlig neu angelegt werden. Am Ende sind die Ölreserven erschöpft, die Atmosphäre hat sich in eine CO_2-Deponie verwandelt und die Erde ist unbewohnbar geworden, kann aber leider nicht kurzfristig neu angelegt werden – das dauert dann fünf bis zehn Millionen Jahre. Schon jetzt produziert die Menschheit jedes Jahr zweimal so viel Treibhausgas, wie Wald und Meer absorbieren können. Und allein die Menschen in der westlichen Welt verbrauchen im Jahr 1,5-mal so viele Ressourcen, wie nachwachsen können.[96] Das Allmende-Dilemma hat unter anderem zu Bodenverlusten, Überfischung der Weltmeere, dem Abholzen der Regenwälder und der Klimaerwärmung geführt. Die Menschheit wäre längst massiv dezimiert, wäre es ihr nicht

96 Laut WWF, *Living Planet Report* 2012. Wobei fossile Brennstoffe überhaupt nicht nachwachsen können. Jedenfalls nicht in absehbarer Zeit. Das dauert Hunderttausende von Jahren.

gelungen, durch Dünger und Pestizide die Äcker weit über ihre natürlichen Grenzen hinaus auszubeuten. Da mit den neuen Technologien aber nicht nur die Erträge, sondern mit den höheren Erträgen immer auch gleichzeitig der Pro-Kopf-Verbrauch gestiegen ist und den Überschuss gleich wieder aufgezehrt hat – insbesondere, wenn man Nahrungsmittel an Schweine verfüttert, um dann später die Schweine zu essen[97] –, lässt sich der Ausbruch massiver Hungersnöte allenfalls noch ein wenig hinauszögern. Lange dauert das nicht mehr. Zumal die Menschheit ja gerade auf die 9-Milliarden-Marke zusteuert und es auch deswegen immer weniger Anbaufläche pro Kopf geben wird, weil immer mehr Landflächen durch den Anstieg des Meeresspiegels überschwemmt werden. Wer das alles ganz schrecklich findet, dem wird geraten, Elektroautos zu kaufen, sein Haus zu dämmen, überhaupt weniger Öl, Gas, Fleisch und Plastikschrott zu konsumieren. Aber auch hier greift wieder das Allmende-Dilemma. Die meisten machen dabei nicht mit und die Verzichtsleistungen Einzelner fallen zur Schonung der Umwelt kaum ins Gewicht. Das stärkt natürlich auch nicht gerade das Gefühl für persönliche Verantwortung.

97 Die Agrarindustrie spricht dabei von Veredelung.

Die Nachbarn lassen es richtig krachen, fahren fette Autos, werfen Pfandflaschen in die Abfalltonne, halten Grillfeste und Shoppingtouren für die Grundpfeiler des Glücks – und ich, das engagierte Individuum, soll hinter ihnen herwischen und Sparbirnchen eindrehen und stinkende Katzenfutterdosen auswaschen und in einen gelben Sack packen, der ständig aufreißt, und über jeden Tropfen Benzin Rechenschaft ablegen. Wieso ich? Recycling und Geschwindigkeitsbegrenzung in einer Gesellschaft, die das Wirtschaftswachstum anbetet – das ist, als wenn jemand mit Lungenkrebs im Endstadium noch schnell versucht, das Rauchen zu reduzieren. Da tue ich doch auch lieber so, als würde ich daran glauben, dass die Party ewig weitergeht. Selektive Wahrnehmung und Verdrängung geben ein zwar völlig falsches, aber viel schöneres Bild von der Realität. Einfach nicht an das glauben, wofür die Faktenlage spricht, sondern an das, was sich gut anfühlt.

Die himmlische Ungerechtigkeit hat es nämlich glücklicherweise so eingerichtet, dass jene Länder, die sich mit der Überausbeutung der Ressourcen ihren Wohlstand ermöglichen, die die meisten Umweltschäden verursachen, die Hauptverantwortung für die Klimaerwärmung tragen und dafür sorgen, dass dieser Planet unbewohnbar wird, erst als allerletzte mit den Folgen ihres schändlichen Verhaltens konfrontiert werden.[98] Zuerst saufen Länder wie Bangladesch ab, deren Einwohner kaum mehr zum CO_2- Ausstoß beigetragen haben, als zu atmen und ab und zu mal eine Handvoll Reis zu essen. (Bangladesch verursachte 2011 nur 0,3% bis 0,4% des weltweiten CO_2-Ausstoßes – weniger als die Stadt New York.)

Aber spätestens ab 2050 wird dann auch in den Industrieländern sehr unter den klimatischen Bedingungen und der Zerstörung der Umwelt gelitten werden. Die Generation, die das vor allem betreffen wird, ist heute noch zu jung, um Einfluss auf Politik und Wirtschaft nehmen zu können. An den Schaltstellen der Macht sitzen 60-jährige, deren Chancen recht gut stehen, auch den Rest ihres Lebens in der Komfortzone verbringen zu dürfen. Für 60-jährige reicht es vollkommen, wenn der bisherige Lebensstil noch 20 bis 30 Jahre lang durchgezogen werden kann. Egal zu welchem Preis. Sie werden ihn schließlich nicht zahlen. Deswegen hat es einen unangenehmen Beigeschmack, wenn

98 »Fast die Hälfte aller Emissionen weltweit gehen … auf das Konto der frühindustrialisierten Länder. Sie tragen aber nur 3% der daraus resultierenden Kosten.« (C. Leggewie, H. Welzer: *Das Ende der Welt, wie wir sie kannten*, S. Fischer Verlag, Frankfurt 2013)

50plus-Politiker sich einig sind, dass Klimaschutz keinesfalls die Wirtschaft gefährden darf, und statt des Planeten lieber Banken retten, die gerade die Wirtschaftskrise verursacht haben. Und weitere Milliarden in einer Autoindustrie versenken, die die leisesten Ansätze zum Klimaschutz systematisch blockiert und klobige, spritfressende, die Sicht versperrende Geländewagen produziert, als wäre Öl ein nachwachsender Rohstoff. Und nicht aufhören, mit Milliarden eine Landwirtschaft zu subventionieren, die ihrem hiesigen Versorgungsauftrag nachkommt, indem sie in anderen Erdteilen Hunger verursacht, Märkte zerstört und Gesellschaften destabilisiert, und ganz nebenbei auch noch erheblich zur Umweltverschmutzung, zum Artensterben, zur Klimaerwärmung und zur post-antibiotischen Ära beiträgt. Die Botschaft, die damit rüberkommt, kann man gar nicht missverstehen: Das System, das die Menschheit in den Abgrund führen wird, soll unter allen Umständen beibehalten werden. Die Zukunftsvision der Mächtigen ist eine Verlängerung des Gewesenen, bis zu einem Zeitpunkt, an dem sie der Zustand der Erde sowieso nichts mehr angeht.

Aber nicht nur die Eliten und die Agrarindustrie haben ein Interesse daran, das zum Scheitern verurteilte Wirtschaftsmodell des ständigen Wachstums so lange wie möglich am Leben zu erhalten. Auch der Wohlstandsbürger über 50 hat den Ist-Zustand lieb gewonnen. Bis 2050 werden die Industrieländer mit etwas Glück noch eine ziemlich gute Zeit haben. In Europa fällt einem in den nächsten Jahrzehnten vielleicht mal ein Baum aufs neue Auto und deutlich weniger Geld hat man auch zur Verfügung, das ein oder andere Nahrungsmittel wird plötzlich immens teuer oder ist nicht mehr zu haben, die Gesundheitsversorgung lässt immer mehr zu wünschen übrig, auch das Wetter ist furchtbar mies (»mal schnell nach Mallorca« geht irgendwann auch nicht mehr, da ist es dann echt zu heiß), und aus den Steuerkassen müssen horrende Summen an Algerien und Marokko gezahlt werden, damit diese Länder weiterhin die täglich reichlicher quellenden afrikanischen Flüchtlingsströme aufhalten – aber alles in allem bleibt es wahrscheinlich trotzdem so, wie es schon immer war: schön bequem. Was für ein ungeheures Glück, zwischen 1950 und 1975 und dann noch im richtigen Land geboren zu sein: vor unserer Geburt war Krieg, um uns herum ist Armut und Not, nach unserem Tod kommt die Sintflut, aber wir selber leben die ganze Zeit wie die Maden im Speck. Eingemummelt in eine doppelte Dämmschicht wohliger Ignoranz, kaufen wir all die hübschen Sachen und tun all die angenehmen Dinge, die den folgenden Generationen das Leben zur Hölle machen werden, ohne uns deswegen auch nur im Geringsten zu schämen. Es ist die Regel und nicht die Ausnahme, dass die schlimmsten und gemeinsten Taten aus normalem Denken entstehen und von ganz normalen Menschen begangen werden. Das politische System, in dem wir leben, stützt sich auf die Idee der Eigenverantwortung seiner Bürger. In der öffentlichen Debatte herrscht immer noch die Meinung vor, der Verbraucher, der gerade in einer Orgie gedankenlosen Konsums die Lebensgrundlagen der Menschheit zerstört, wäre dazu ausersehen, durch vernünftige Kaufentscheidungen nicht nur den Klimawandel, sondern auch Ressourcenverknappung, Umweltzerstörung und Artensterben aufzuhalten. Das setzt aber voraus, dass der Verbraucher das überhaupt will – sich einschränken, massiv einschränken, nur damit es seine Kinder nicht ganz so schlimm trifft? – falls es die Kinder überhaupt schon trifft; wahrscheinlich trifft es ja auch erst die Enkel. Wieder zurück auf den Konsumverbrauch von 1960? Oder 1950? Nur noch zweimal die Woche Fleisch, Autos aufgeben und wieder Bahn fahren, keine Wochenendtrips nach Barcelona mehr, kleinere Wohnungen, keine praktischen Plastiktüten? Wegen der Enkel? Die konsumieren doch ganz genauso gern, nehmen das Verjucheien ihrer Zukunft achselzuckend zur Kenntnis und gehen stattdessen für freie Downloads auf die Straße, sprich: für das Schimpanseninteresse, sich auf Kosten anderer bereichern zu dürfen. Eine moralisch mindestens ebenso zweifelhafte Bande, wie wir es sind. Die würden an unserer Stelle ganz genauso handeln. Und wahrscheinlich trifft es ja auch erst die Urenkel. Vielleicht doch lieber weitermachen wie bisher, und dann kommt es eben, wie es kommt?

Auf den ersten Blick mag es überraschen, wenn Menschen, die eindeutig mehr als genug haben, so weit gehen, die Lebensgrundlage kommender Generationen für alle Zeiten zu zerstören, um sich nur ja nicht einschränken zu müssen. Aber Menschen interessieren sich nun einmal weniger für Menschen, die weit entfernt oder zu einer späteren Zeit leben. Ein nicht unerheblicher Teil der Errungenschaften moderner demokratischer Staaten beruht auf der Ausbeutung unterworfener Völker, die weit, weit weg lebten. Oder leben. Menschen in Europa scheren sich auch heute nicht darum, wenn irgendwelche braun gebrannten Kleinbauern in Südamerika von ihrem Land vertrieben werden, damit dort das Futter für die europäischen Kotelett-Fabriken angebaut werden kann. In Hamburg gehen Studenten auf die Barrikaden, wenn an einer von drei Mensen ihrer Universität kein Fleisch mehr angeboten wird. Freies Fleisch für freie Bürger! Die Vernichtung der Erde lässt sich nun einmal nicht vermeiden, wenn die Industrienationen ihren Lebensstil beibehalten wollen, und diesen Preis werden alle Völker der Erde zu zahlen haben, auch die, die von der exzessiven Ausschlachtung des Planeten überhaupt nicht profitiert haben. Wie die räumliche verleitet auch die zeitliche Entfernung zur Hartherzigkeit. Was sind schon die diffusen langfristigen Interessen einer noch diffuseren späteren Generation gegen eine konkrete, dreidimensionale Knackwurst? Früher wurden Kolonien ausgebeutet, damit es sich die Bewohner der Industrieländer auf Kosten der dortigen Bewohner gut gehen lassen konnten. Heute betreiben wir vor allem einen Generationen-Imperialismus, in dem unsere Enkel und Urenkel ihren zukünftigen Bedarf an Rohstoffen, Nahrung und lebenswerten Umweltbedingungen als Tribut an unser Komfortbedürfnis und unseren Spaß am Shoppen abzutreten haben. Von den Enkeln und Urenkeln in anderen Erdteilen mal ganz zu schweigen. In 25 Jahren wird halb Afrika ohne Wasser sein und zehn Jahre später kommen noch eine Milliarde verdurstender Menschen in Asien hinzu. Auch wir wollen nicht das Beste für alle, auch wir wollen das Beste für uns.

Die jüngeren Generationen in Deutschland haben auch noch das Pech, dass ausgerechnet die Jahrgänge 1950 bis 1975 die geburtenstärksten waren. Es ist also ein ziemlich großer Teil der Bevölkerung, der sich jetzt in heimlicher Komplizenschaft mit Wirtschaft und Regierung befindet. Der Schwachpunkt an Demokratien ist nun einmal, dass ihre Vertreter gewählt werden wollen. Deswegen tun sie alles, um wiedergewählt zu werden, statt das, was eigentlich wichtig wäre. Wiedergewählt wird man mit Brot-und-Butter-Themen, wie sichere Renten, billiges Schweinefleisch und Luxusautos für China, die die Arbeitsplätze in der deutschen Automobilindustrie sichern. Potenzielle Wähler halten Wahlkampfthemen für wichtig, die direkten Einfluss auf ihr Leben haben. Weil sie nur von 12 bis Mittag denken.

Wer schon einmal einen Erste-Hilfe-Kurs mitgemacht hat, erinnert sich vielleicht daran, dass eine bestimmte Reihenfolge einzuhalten ist, in der Unfallopfern geholfen werden soll, wenn man an einen Unglücksort mit mehreren Verletzten kommt. Die, die am lautesten schreien, kann man erst mal links liegen lassen – die haben aller Wahrscheinlichkeit nach Brüche. Das tut zwar am meisten weh, ist aber selten lebensgefährlich.[99] Schleunigst geholfen werden muss hingegen Menschen, die nicht mehr atmen oder zu verbluten drohen. Oder beides. Wenn einer nicht mehr atmet und stark blutet, stillt der Ersthelfer logischerweise zuerst die Blutung, denn es macht keinen Sinn, jemanden zu beatmen, wenn es kein Blut mehr gibt, das den Sauerstoff zu den einzelnen Organen und dem Hirn transportieren könnte. Das ist die Reihenfolge. Um in diesem Bild zu bleiben:

Die Klimaerwärmung, die Übernutzung der Ressourcen, die Überbevölkerung, das Artensterben und die Massentierhaltung mithilfe von Antibiotika sind sprudelnde Wunden und haben deswegen allererste Priorität. Wenn wir das nicht rechtzeitig verarztet kriegen, sind auch alle anderen Wehwehchen obsolet. Gefährdete Arbeitsplätze, gefährdeter Wohlstand und gefährdete Renten lösen zwar das meiste Geschrei aus, dürfen aber durchaus vernachlässigt werden, wenn gerade alle Voraussetzungen, die das Leben auf der Erde bisher ermöglicht haben, dabei sind, sich zu verändern. Was

99 Jedenfalls hat man mir das vor dreißig Jahren so beigebracht. Könnte sein, dass das inzwischen völlig anders gesehen wird. Also bitte nicht als Anleitung für Ersthilfe am Unfallort nehmen, sondern als Metapher.

nützen mir denn die tollsten Rentenversprechungen, wenn es keine Zivilisation und damit auch keine Rentenanstalt mehr gibt, die mir die Rente auszahlen könnte?

Die Regierungen der westlichen Staaten sind zwar zu einer Fehlerdiagnose fähig, aber offenbar nicht willens, diese Probleme zu lösen. Diese Ignoranz gegenüber den tatsächlichen Problemen der Menschheit ist von aktiver Gewalttätigkeit gegen die folgenden Generationen kaum noch zu unterscheiden. Auch Wirtschaft und Finanzwirtschaft haben hinlänglich bewiesen, dass sie mit ihrer verlotterten Moral und ihren Standards nicht zukunftsfähig sind. Den intelligenten und verantwortungsbewussten Bewohnern dieses Planeten bleibt also gar nichts anderes übrig, als sich zu vernetzen, sämtliche Regierungen der Welt (ausgenommen vielleicht Bhutan) zu stürzen und die Wirtschaftssysteme radikal zu reformieren. Höchste Zeit, kompetente und sozial funktionierende Frauen ans Steuer zu lassen. Und Männer. Die Mehrheit der Männer funktioniert sozial und moralisch schließlich ganz passabel. Nur sitzen solche Exemplare kaum in den gesellschaftlichen Schlüsselpositionen. Das sollten sie aber. Und die entsprechenden Frauen. Es geht jetzt nicht darum, wer der bessere Mensch ist, und ob es schlimmer ist, tendenziell kriminell oder tendenziell langweilig zu sein. Es geht um Solidarität mit den Jungen, den ganz Jungen und den Noch-nicht-einmal-Gezeugten, die ein Recht darauf haben, dass wir ihnen einen Lebensraum hinterlassen, der diesen Namen verdient – und keine halb überflutete Mülldeponie mit maroden Bergwerksstollen voller Atommüll, in die langsam das Grundwasser einsickert.

Nachdem die neuen Regierungen ein paar Standards etabliert haben, zum Beispiel, dass Wirtschaft, Finanzwirtschaft und Landwirtschaft dazu da sind, politische Entscheidungen auszuführen, und nicht, diese Entscheidungen zu diktieren, könnte man damit beginnen, die viel gepriesene Freie Marktwirtschaft zu einer Ausrichtung auf das Gemeinwohl zu verpflichten. Die Kapitalismus-Illusion von der Selbstregulierung, dass, wenn jeder zum eigenen Vorteil arbeitet, am Ende alle etwas davon haben und gierige Konzerne durch den Wettbewerb gemäßigt werden, dürfte inzwischen erschöpfend widerlegt sein. Da brauchen Banken, Wirtschaftsunternehmen und Landwirte gar nicht so laut aufzujaulen – solange sie ihre Füße unter den Tisch des überschuldeten Staates stellen und sich nicht nur die von ihnen verantworteten Kollateralschäden finanzieren lassen, sondern auch noch höchstpersönlich um Unterstützung und Rettung aus der Not bitten, so lange müssen sie sich von diesem Staat auch dreinreden lassen. Freiheit ist nicht damit gleichzusetzen, dass man ungestört Gewinne einfahren darf. Freiheit ist überhaupt keine ökonomische Kategorie, sondern ein aufklärerisches Ideal. Und das Gesamtpaket dieses Ideals heißt nicht »Freiheit, Wettbewerb, Profit«, sondern »Freiheit, Gleichheit, Brüderlichkeit«.

Die Finanzwirtschaft, die den Aspekt der Brüderlichkeit gerade am krassesten missachtet hat, darf in sich gehen und sich von nun an auf ihre dienenden Funktionen beschränken: den Zahlungsverkehr organisieren, die Sparguthaben von Großmüttern und die Einlagen von Unternehmen verwalten und Kredite finanzieren. Dafür sind Banken da, und nicht, um ein paar Irren den Tummelplatz für ihre Spekulationen zu bieten. Neue Finanzprodukte und -konstrukte werden fortan genehmigungspflichtig sein und werden grundsätzlich *nie* genehmigt.

Auch die Industrie muss sich unter den neuen Regierungen an den Grundwerten Solidarität, Gewaltlosigkeit und Fairness orientieren.

Es kann doch nicht so schwierig sein, eine globale Obergrenze für CO_2-Emissionen festzulegen und den Verbrauch einigermaßen gerecht auf die Länder zu verteilen und innerhalb dieser Länder dann auf die Individuen und Unternehmen.[100] Wenn man aufhört, sich auf angebliche Sachzwänge zu fokussieren, und Lösungsmöglichkeiten auch außerhalb einer auf Wachstum und Ressourcennutzung basierenden Ökonomie sucht, ergeben sich ja vielleicht ganz neue Handlungsmöglichkeiten.[101]

Die Pro-Kopf-Rate der Erschöpfung der Natur wird ebenfalls auf ein nachhaltiges Niveau reduziert und die Ressourcen werden – na ja, vielleicht nicht gleich hundertprozentig gerecht verteilt – man will diese Brüder ja auch nicht überfordern –, aber wenigstens nicht mehr so himmelschreiend ungerecht wie bisher. Einen kostbaren, demnächst erschöpften Rohstoff wie Erdöl kann man für wichtigere Dinge einsetzen, als ihn durch Schornsteine und Auspuffrohre zu blasen – um erneuerbare Energien aufzubauen und um Techniken zu entwickeln, die weniger Ressourcen verbrauchen. Die Idee vom ständig steigenden Wirtschaftswachstum wird aufgegeben. Sie hat Konsumenten zu Konsumtrotteln degradiert, die laufend Dinge kaufen, die sie nicht brauchen, damit es der Wirtschaft gut

100 Und selbst wenn es alles andere als gerecht abläuft, wird es für die ungerecht behandelten Menschen doch immer noch besser sein, als zu verrecken.

101 »Probleme kann man niemals mit derselben Denkweise lösen, durch die sie entstanden sind.« (Albert Einstein)

geht und sie auch weiterhin Dinge kaufen können, die sie auch nicht glücklich machen. Kaufgestörte, die wie Essgestörte keinen Sättigungseffekt mehr verspüren, und sich über Waren definieren. Wenn die Konsumgesellschaft einmal weniger Geld ausgab als im Jahr davor, wurde das als unverzeihliches Fehlverhalten gewertet, welches das ganze tolle System und unseren Wohlstand gefährdete. Schleuderte die Gesellschaft ordentlich Geld raus, fand das lobende Erwähnung in den Abendnachrichten. Widerwärtig. Denn erstens ist Verschwendungssucht keine Tugend, zweitens kann man mit Konsumgütern weder Unzufriedenheit noch Depressionen kompensieren, drittens bleibt dabei für diejenigen, die noch echte Bedürfnisse haben, nichts übrig und viertens muss man sich irgendwann eingestehen, dass ständig steigendes Wirtschaftswachstum in einer Welt der begrenzten Ressourcen schon rein rechnerisch gar nicht aufgehen kann. Es hat erstaunlich lange – über 200 Jahre – funktioniert, aber jetzt tut es das eben nicht mehr. Man sollte sich nicht so sehr dagegen sträuben, einen Fehler aufzugeben. Das gilt auch für die Agrarindustrie. Unter einer verantwortungsbewussten Regierung würde sie keine Subventionen mehr bekommen, weil sie keine verdient. Die verkeimten Puten- und Schweineställe würden geschlossen und Bauern müssten sich fortan an bestehende Gesetze halten.[102] *Natürlich* wird dann alles wesentlich teurer und knapper, da muss man sich nichts vormachen. Das Leben in den Industriegesellschaften würde sich ganz erheblich verändern. »Man kann den Leidenden nichts Gutes tun, ohne dass die, denen es gut geht, leiden.«[103] Bloß weil es den Menschen aus den Industrienationen tausendmal besser geht als den Bewohnern von Somalia oder Bangladesch, bedeutet das ja nicht, dass sie es psychisch ohne Weiteres wegstecken, wenn es ihnen plötzlich nur noch fünfhundertmal so gut geht.

Aber was wäre denn die Alternative? Weiterhin nichts tun und die Daumen drücken, dass alle wissenschaftlichen Kapazitäten, ob sie nun dem Klimarat, der Weltgesundheitsorganisation oder dem Club of Rome angehören, Wichtigtuer sind oder Hysteriker, die maßlos übertreiben? Sollte sich im Nachhinein herausstellen, dass sie doch recht hatten, wird es leider bereits zu spät sein. Es ist nämlich nicht erst dann zu spät, wenn die Folgen der Klimakatastrophe auch für die größten Ignoran-

102 Ich persönlich würde ja auch noch den Bauernverband auflösen, aber das ist vermutlich nicht mit den Grundsätzen eines demokratischen Rechtsstaats vereinbar.

103 Zitat auf dem Schreibtisch von Lady Di.

ten nicht mehr zu übersehen sind und wir endlich gemerkt haben, dass man Hedgefonds nicht essen kann. Der Zeitpunkt, ab dem es kein Zurück mehr gibt, liegt viel früher. Die Jahre, die uns noch bleiben, um durch massive Investitionen in erneuerbare Energien und Energieeffizienzen den globalen Trend zu immer weiter wachsenden Emissionen umzukehren und die Erwärmung bis zum Jahrhundertende auf 2 Grad zu begrenzen, kann man vermutlich an einer Hand abzählen. Der »Wissenschaftliche Beirat der Bundesregierung Globale Umweltveränderung« hat bereits 2008 in einem Sondergutachten angemahnt, dass uns das bis zum Jahr 2010 gelingen müsste, sonst sähe es düster aus, weil »jede Verzögerung [...] zu später kaum noch zu bewältigenden Reduktionsanforderungen« führen werde. Die heutigen Investitionen (Stand 2008) würden erheblich günstiger sein als die Folgekosten einer größeren Erwärmung und wir hätten noch eine Chance, uns dem neuen Klima anzupassen, jedenfalls einige von uns – die, die nicht so nah am Strand wohnen. Leider hielt es die Bundesregierung damals für wichtiger, Banken zu retten. Je länger man noch wartet, umso schwieriger und teurer wird das Ganze. Es sei denn, man wartet seelenruhig ab, bis sich das Zeitfenster wieder komplett geschlossen hat. Wenn erst einmal die Permafrostböden aufgetaut sind und 8 Tonnen Methan freigegeben haben und die Klimaerwärmung richtig Fahrt aufgenommen hat, dann kostet es gar nichts mehr. Dann gibt es sowieso kein Bankensystem und keine Währungen mehr und Warlords marodieren mit ihren Banden durch Hamburg, Düsseldorf und Rothenburg ob der Tauber. Den kompletten Untergang gibt es umsonst.

Also vielleicht doch lieber Revolution.

Leider sagt die Erfahrung, dass die netten Männer und Frauen, die man sich in die Regierungsämter wünscht, entweder zu nett oder zu sehr Frau sind, um einen ordentlichen Aufstand anzuzetteln. Eigentlich wollen sie die Posten, auf denen sie die Zukunft ihrer Kinder retten könnten, gar nicht wirklich. Eigentlich hätten sie lieber einen kreativen Job oder einen mit mehr Sozialkontakten und netten Kollegen. Oder sie haben bereits so furchtbar viel um die Ohren, müssen sich um rumänische Straßenhunde kümmern oder um die bettlägerige Schwiegermutter, Bongo-Unterricht nehmen, die Kinder zur Reitstunde fahren oder an einem schamanistischen Rückführungsseminar teilnehmen – und was sonst noch alles nicht drin ist, wenn man es bis ganz nach oben schaffen will, dahin, wo solche Leute eigentlich dringend hingehören.

Und leider sagt die Erfahrung auch, dass niemand, der mit großem Vergnügen Macht ausübt, sie freiwillig teilen wird. Oder sein Gehalt. Obschon Bücher wie *Feng Shui des Entrümpelns*[104] und *Simplify Your Life* eine Sehnsucht nach dem Ende des völlig überzogenen Luxus ausdrücken, bedeutet Geldverlust doch immer auch Statusverlust. Und Statusverlust ist für Alpha-Männer einfach keine Option. Insbesondere nicht im Finanzwesen, wo sich ja fast ausschließlich über Geld definiert wird. Bei den absurd hohen Einkünften, die Vorstände von Geldinstituten beziehen, könnten die Stellen problemlos durch Zweier-, Dreier-, theoretisch sogar durch Viererteams besetzt werden. Das würde mehr Sicherheit schaffen, effektiver sein und den Vorständen selber mehr Lebensqualität schenken, weil plötzlich auch noch Zeit für ein Familienleben vorhanden wäre. Eine Win-win-Situation für alle Beteiligten, sollte man meinen. Mit einem halbierten oder geviertelten Einkommen müssten die Vorstände noch nicht einmal ihren Lebensstil ändern. Es wäre immer noch genug da, dass sie im selben Haus wohnen, dieselbe Preisklasse von Auto fahren, beim selben Schneider fer-

104 Heißt in Wirklichkeit: *Feng Shui gegen das Gerümpel des Alltags.*

tigen und vom selben Gourmet-Tempel liefern lassen könnten. Trotzdem wird kein einziger Vorstand bereit sein, aus Einsicht oder reinem Überlebenswillen zu teilen. Auch nicht, wenn dadurch die Welt gerettet werden könnte. Es geht nicht um den Lebensstandard, es geht um Status. Geldverlust ist Demütigung. Und Machtverlust erst recht.

Vielleicht verfügen Menschen bei aller Intelligenz tatsächlich nicht über die psychische Ausstattung, um angesichts der nahenden Katastrophe die nötigen Entscheidungen zu treffen. Vielleicht haben wir unser Schicksal genauso wenig in der Hand wie irgendein anderes Tier und unsere biologische Unterworfenheit hindert uns selbst dann daran, das Richtige zu tun, wenn wir um diese zoologische Knechtschaft wissen.

Die Sanften, Sozialen, Friedlichen müssten ihr Harmoniebedürfnis und ihr Verständnis für andere überwinden, auf den Tisch hauen, sich auf die einflussreichen Posten stürzen und die dominanten Chefs davon vertreiben. Aber genau daran wird sie ihre Veranlagung hindern. Und die Chefs müssten die aggressiven und dominanten Primatenimpulse, die ihr Verhalten prägen, unterdrücken. Aber warum sollte ein dominanter Primat das tun? Sollen sie es doch versuchen, die Sanftmütigen. Gewalt ist immer eine Option. Im Gegenteil: Selbst wenn es einer idealistischen Jugend gelänge, eine Bürgerbewegung auf die Beine zu stellen und die Machtverhältnisse zu ändern, so würden die neuen kompetenten Regierungen und die neuen, nachhaltigen und sozialen Firmen innerhalb kürzester Zeit von dominanten unsozialen Männern unterwandert, die bald darauf ihren Führungsanspruch anmelden und Politik und Wirtschaft nach ihren Vorstellungen zurückgestalten. Die netten, intelligenten und idealistischen Leute haben dann ziemlich schnell keine Lust mehr. So haben sie sich das nicht vorgestellt. Man hat doch mal Ideale gehabt! Nein, da machen sie nicht länger mit. Zurück bleiben die Dominanten und das zur Unterordnung bereite Fußvolk. Es liegt in der Natur der Sache. Wie alle Lebewesen müssen wir den Gesetzen unserer Spezies folgen. Was in diesem Fall bedeutet, dass wir zu engagiertem und konsequentem Eingreifen nicht fähig sind und deswegen demnächst mit katastrophalen klimatischen Bedingungen auf diesem Planeten und dem baldigen Zusammenbruch der Zivilisation rechnen dürfen. Nicht für alle Probleme gibt es Lösungen.

Andererseits steckt das Leben ja immer voller Überraschungen. Es könnte ein unvorhergesehenes Ereignis eintreten. Tuvalu, der viertkleinste Staat der

Welt, hatte für seine damals 9000 Bewohner bereits vor Jahren Asyl in Australien und Neuseeland beantragt, weil der immer wieder überspülte Inselstaat, dessen höchster Punkt nur 5 Meter über dem Meeresspiegel liegt, als erstes Land der Welt von der Erdoberfläche zu verschwinden drohte. Inzwischen hat sich herausgestellt, dass angespülte Sedimente den Anstieg des Meeresspiegels wieder ausgleichen. Vorerst jedenfalls. Tuvalu wird anscheinend größer, nicht kleiner.

In den Industriestaaten könnte ein baldiger endgültiger Zusammenbruch des Finanzmarktes die Wirtschaft dermaßen bremsen, dass ganz ohne Klimabeschlüsse auf einmal relevant weniger CO_2 in die Luft gejagt wird. 2013 wurde das gerade so eben an der Staatspleite vorbeigeschrammte Griechenland mit einem Emissionsrückgang von 10% zum großen CO_2-Sparer von Europa.

Oder ein aggressives, tödliches Virus könnte innerhalb weniger Jahre die Weltbevölkerung um die Hälfte dezimieren.

Es gibt also noch Hoffnung. So wie es bei jedem Lottoschein, den man abgibt, so etwas wie Hoffnung gibt, eins zu vierzehn Millionen oder so.

Mit der Ausnahme fest zu rechnen ist allerdings noch dümmer, als darauf zu vertrauen, dass niemals eine Ausnahme eintritt.

Vielleicht ist es tröstlich, wenn wir uns vor Augen halten, dass die menschliche Existenz, unser Sein und Tun, gar nicht so unerlässlich ist, wie es uns vorkommt. Letztlich ist es außer für uns selber ja nicht besonders tragisch, wenn die größte Geißel der Tier- und Pflanzenwelt von der Bildfläche verschwindet. Was wäre denn, wenn wir das Steuer noch einmal herumreißen, die Klimaerwärmung begrenzen, die Verpestung der Umwelt und die Ausbeutung der Ressourcen verlangsamen, die Geburtenrate senken und alles ein wenig herunterfahren. Dann sterben in den nächsten hundert Jahren eben nicht alle frei lebenden Säugetiere aus, sondern nur 90%. Dann verhungern und verdursten etwas weniger Menschen und die Ströme verzweifelter Flüchtlinge steigen etwas langsamer an. Die Zivilisationen brechen wahrscheinlich trotzdem zusammen, können aber wieder aufgebaut werden. Und wer wird sich als Erster aus den Ruinentrümmern herauswühlen und sich daranmachen, ein neues Regierungs- und Wirtschaftssystem zu entwerfen? Dieselben risikobereiten, dominanten und selbstbewussten Typen, die kurz zuvor der Weltwirtschaft den Todesstoß versetzt haben. Ist das wünschenswert? Wäre es wirklich befriedigend, wenn maßvolle Menschen dafür sorgen, dass die Qual der Tiere in der Massentierhaltung auf ein etwas weniger furchtbares Maß heruntergeschraubt wird? Wenn die Tiere nur noch halb so grausam gehalten und halb so brutal geschlachtet werden? Wenn man die menschliche Perspektive einmal kurz aufgibt, ist es eigentlich ein ganz erfrischender Gedanke, dass Homo sapiens demnächst ausstirbt. Falls nicht sogar eine so starke Aufheizung eintritt, dass sämtliches Leben auf der Erde auf Null heruntergefahren wird, das grauenhafte Leiden für ein paar Millionen Jahre Pause macht und die Erde als Todesplanet mit kochenden Ozeanen durch das Weltall saust, bis sich eines Tages mit den ersten Einzellern wieder etwas völlig Neues entwickelt, die Evolution einen ganz anderen Weg einschlägt. Diesmal eine Schöpfung ohne Intelligenz. Oder Intelligenz gepaart mit Sanftmut. Großäugige, intelligente Weidetiere. Es kann doch eigentlich nur besser werden.

Literaturverzeichnis

LITERATUR

Richard Conniff: *Magnaten und Primaten. Über das Imponiergehabe der Reichen*, Goldmann Verlag, München 2004.

Gerhard Dammann: *Narzissten, Egomanen, Psychopathen in der Führungsetage. Fallbeispiele und Lösungswege für ein wirksames Management*, Haupt Verlag, Bern 2007.

Nadine Defiebre & Denis Köhler: *Erfolgreiche Psychopathen? Zum Zusammenhang von Psychopathie und beruflicher Integrität*, Verlag für Polizeiwissenschaft, Frankfurt am Main 2012.

Kevin Dutton: *Psychopathen*, dtv, München 2013.

Al Gore: *Angriff auf die Vernunft*, Goldmann Verlag, München 2009.

Yuval Noah Harari: *Eine kurze Geschichte der Menschheit*, dva, München 2013.

Ines Kappert: *Der Mann in der Krise oder: Kapitalismuskritik in der Mainstreamkultur*, transcript Verlag, Bielefeld 2008.

Claus Leggewie & Harald Welzer: *Das Ende der Welt, wie wir sie kannten. Klima, Zukunft und die Chancen der Demokratie*, S. Fischer Verlag, Frankfurt am Main 2013.

Simon Mawer: *Mendels Zwerg*, Goldmann Verlag, München 1999.

Yannick Monget: *Die Erde, morgen*, Gerstenberg Verlag, Hildesheim 2007.

Valerie Solanas: *Manifest der Gesellschaft zur Vernichtung der Männer. S.C.U.M.*, März Verlag, Darmstadt 1969.

Nassim Nicholas Taleb: *Der schwarze Schwan. Konsequenzen aus der Krise,* Carl Hanser Verlag, München 2010.
Nassim Nicholas Taleb: *Der schwarze Schwan. Die Macht höchst unwahrscheinlicher Ereignisse,* dtv, München 2013.
Harald Welzer: *Klimakriege. Wofür im 21. Jahrhundert getötet wird,* S. Fischer Verlag, Frankfurt am Main 2008.

ZEITSCHRIFTENARTIKEL UND INTERNETQUELLEN

Sybille Berg: »Warum gibt es eigentlich keine Frauenpartei?«, auf: http://www.spiegel.de/kultur/gesellschaft/s-p-o-n-fragen-sie-frau-sibylle-warum-gibt-es-eigentlich-keine-frauenpartei-a-787222.html, 20. September 2011.
Jörg Blech: »Epigenetik: Die Mär vom Krieger-Gen«, auf: http://www.spiegel.de/wissenschaft/natur/epigenetik-die-maer-vom-krieger-gen-a-711227.html, 11. August 2010.
Kathrin Birkel: »Kranke Tiere – kranke Menschen? Antibiotikaeinsatz in der Tierhaltung erschwert die medizinische Versorgung beim Menschen«, in: *Der kritische Agrarbericht 2013,* 17. Januar 2013.
Doris Bischof-Köhler (Interview von Elisabeth Raether): »Keine falschen Schlüsse ziehen«, in: *Zeit Magazin* Nr. 24, 9. Juni 2013.
Kerstin Bund & Marcus Rohwetter: »Wahnsinns-Typen: Wie gestört muss man sein, um Besonderes zu leisten? Erstaunlich viele Chefs sind psychisch auffällig«, in: *Die Zeit* Nr. 34, 14. August 2013.
Florian Habermacher & Gebhard Kirchgässner: »Sind Wertpapierhändler schlimmer als Psychopathen?«, auf:

http://www.oekonomenstimme.org/artikel/2011/10/sind-wertpapierhaendler-schlimmer-als-psychopathen/, 28. Oktober 2011.

Marcel Hänggi: »Ob sie wissen, was sie tun?«, in: *WOZ* Nr. 7, 18. Februar 2010.

Marcel Hänggi: »Schwarze Löcher vor den Kadi?«, Technology Review, auf: http://www.heise.de/tr/artikel/Schwarze-Loecher-vor-den-Kadi-934519.html, 19. Febuar 2010.

Götz Hamann, Elisabeth Niejahr & Judith Scholter: »Die Weiberwirtschaft«, in: *Die Zeit* Nr. 31, 23. Juli 2009.

Torsten Harmsen: »Studie der NASA: Zivilisation ist dem Untergang geweiht«, auf: http://www.berliner-zeitung.de/wissen/studie-der-nasa-zivilisation-ist-dem-untergang-geweiht,10808894,26612426.html, 20. März 2014.

Dietmar Hawranek, Armin Mahler, Christoph Pauly, Michaela Schiessl & Thomas Schulz: »Märkte außer Kontolle«, in: *Der Spiegel* Nr. 34, 22. August 2011.

Katrin Hoerner: »Christiaan Barnard. Pioniere am Skalpell«, auf: http://www.focus.de/gesundheit/ratgeber/herz/news/christiaan-barnard_aid_228125.html, 3. Dezember 2007.

Anne Jacoby: »Jeden Tag Affentheater«, auf: http://www.jobware.de/Karriere/Jeden-Tag-Affentheater.html

Sebastian Jost: »Deutsche Bank gibt sich einen neuen Wertekodex«, auf: http://www.welt.de/wirtschaft/article118343615/Deutsche-Bank-gibt-sich-einen-neuen-Wertekodex.html, 24. Juli 2013.

Otto Kernberg & Gerhard Roth (Interview von Katja Thimm): »Messfühler ins Unbewusste«, in: *Der Spiegel* Nr. 7, 10. Februar 2014.

Nils Klawitter, Beate Lakotta, Samiha Shafy & Katja

Thimm: »Die Natur der Macht«, in: *Der Spiegel* Nr. 39, 22. September 2008.
Peter Kümmel: »Der fliehende Banker«, in: *Die Zeit* Nr. 1, 30. Dezember 2009.
Hans Küng (Interview von Anna Marohn & Christian Tenbrock): »Erfolg rechtfertigt gar nichts«, in: *Die Zeit* Nr. 1, 30. Dezember 2009.
Nicola von Lutterotti: »Krankenhauskeime: Antibiotika ohne Wirkung«, auf: http://www.faz.net/aktuell/gesellschaft/krankenhauskeime-antibiotika-ohne-wirkung-11531917.html, 17. November 2011.
Marais Malan: »Herrgott, es schlägt wieder: Die Herzverpflanzung des Professors Barnard«, in: *Der Spiegel* Nr. 12, 18. März 1968.
Nils Minkmar: »Madoff-Skandal. Ein sehr gutes Gefühl«, auf: http://www.faz.net/aktuell/Feuilleton/buecher/madoff-skandal-ein-sehr-gutes-gefühl-11511183.html, 30.10.2011.
Henrik Müller: »Führungskräfte: Erfolg haben die Härtesten, nicht die Besten«, auf: http://www.manager-magazin.de/politik/deutschland/a-827873.html, 17. April 2012.
Jochen Müller: »Mein Herz. Meine Zellen. Eure Rettung.«, in: *Die Zeit* Nr. 5, 26. Januar 2013.
Thomas Noll (Interview von Stefan Kaiser): »Banker-Boni: ‚Das System macht die Händler zu asozialen Menschen'«, auf: http://www.spiegel.de/wirtschaft/soziales/thomas-noll-zu-banker-boni-die-haendler-werden-zu-asozialen-menschen-a-887045.html, 6. März 2013.
Susan Pinker (Interview von Samiha Shafy & Katja Thimm): »Männer sind extremer«, in: *Der Spiegel* Nr. 39, 22. September 2008.

Horst-Michael Prasser (Interview von Marco Metzler): »›Kernschmelzen galten als hypothetisch‹ – ETH-Professor Horst-Michael Prasser zu Wahrscheinlichkeiten von Reaktorunfällen«, auf: http://www.nzz.ch/aktuell/schweiz/kernschmelzen-galten-als-hypothetisch-und-nicht-beherrschbar-1.10012744, 24. März 2011.

Horst-Michael Prasser (Interview von Samuel Schläfli): »Unser Wissensstand ist heute nahezu perfekt«, auf: http://www.ethlife.ethz.ch/archive_articles/081218_prasser_interview, 18. Dezember 2008.

Christian Sebald: »Geflügel-Skandal in Bayern: Putenmästerin kontrollierte sich selbst«, auf: http://www.sueddeutsche.de/bayern/gefluegel-skandal-in-bayern-putenmaesterin-kontrollierte-sich-selbst-1.1970300, 21. Mai 2014.

Karin Seibold: »Tödliche Keime: Die Gefahr aus dem Stall«, auf: http://www.augsburger-allgemeine.de/wissenschaft/Toedliche-Keime-Die-Gefahr-aus-dem-Stall-id28532472.html, 26. Januar 2014.

Michael Stone (Interview von Marika Schaertl): »Superreiche sind oft verkommen«, auf: http://www.focus.de/wissen/mensch/tid-16319/psychologie-superreiche-sind-oft-verkommen_aid_452075.html, 09. September 2009.

Barbara Supp: »Mars schlägt Venus«, in: *Der Spiegel* Nr. 9, 23. Februar 1998.

Christian Tenbrock: »Ein Ethos, weltweit«, in: *Die Zeit* Nr. 1, 30. Dezember 2009.

Thilo Thielke: »Der Kampf des Dr. Rice. Global Village: Wie ein Deutscher auf den Philippinen versucht, die Welt vor einer Hungerkatastrophe zu bewahren«, in: *Der Spiegel* Nr. 38, 19. September 2011.

Ed Yong: »Vogelgrippe: Fünf Fragen zu H5N1«, auf:

http://www.spektrum.de/news/fuenf-fragen-zu-h5n1/1165785, 25. September 2012.
Harald Zaun: »Das Unmögliche überdenken – warum nicht?«, Telepolis, auf: http://www.heise.de/tp/artikel/34/34063/1.html, 23. Januar 2011.

»Louis Washkansky«, in: *Der Spiegel* Nr. 53, 25. Dezember 1967.
»Gestorben: Christiaan Barnard«, in: *Der Spiegel* Nr. 37, 10. September 2001.
»MRSA in Tierställen – kein Grund zur Panik!«, auf: http://www.lwk-niedersachsen.de/index.cfm/portal/1/nav/227/article/14068.html, 30. Januar 2011.
»Alte Tugenden«, auf: http://www.manager-magazin.de/unternehmen/karriere/a-127355.html, 18. April 2001.
»Studie vergleicht Händler mit Psychopathen«, auf: http://www.manager-magazin.de/finanzen/boerse/a-788285.html, 25. September 2011.
»Aktienhändler sind rücksichtsloser als Psychopathen«, auf: http://www.wallstreet-online.de/nachricht/3475021-hang-zur-zerstoerung-aktienhaendler-sind-ruecksichtsloser-als-psychopathen, 26. September 2011.
»Die Realität überholt die Modelle«, auf: http://www.t-online.de/nachrichten/klimawandel/id_51370946/klimaforscher-meeresspiegel-wird-um-rund-einen-meter-steigen.html, 11. November 2011.
»Klimaforscher: 50 Grad in Deutschland sind möglich«, auf: http://www.t-online.de/nachrichten/klimawandel/id_51444468/klimaforscher-50-grad-in-deutschland-sind-moeglich.html, 14. November 2011.
»Methicillin-resistente Staphylococcus aureus (MRSA) in der Landwirtschaft – Informationen für beruflich Expo-

nierte«, auf: http://www.lwk-niedersachsen.de/index.cfm/portal/1/nav/227/article/19588.html, 9. Juli 2012.

»Koalition bringt Frauenquote auf den Weg«, auf: http://www.sueddeutsche.de/wirtschaft/gesetzliche-regelung-fuer-unternehmen-koalition-bringt-frauenquote-auf-den-weg-1.1921392, 25. März 2014.

»Studie der NASA: Die Menschheit ist am Ende«, auf: http://www.n24.de/n24/Nachrichten/n24-netzreporter/d/4455836/die-menschheit-ist-am-ende.html, 12. April 2014.

»Multiresistente Keime: Tatort Tierstall«, auf: http://www.wdr5.de/sendungen/morgenecho/keime150.html, 8. Mai 2014.

»WHO: Antibiotika verlieren Wirksamkeit«, auf: http://albert-schweitzer-stiftung.de/aktuell/who-antibiotika-wirksamkeit, 10. Mai 2014.

»Stichproben-Analyse: Wurstwaren oft mit resistenten Keimen belastet«, auf: http://www.spiegel.de/gesundheit/ernaehrung/salami-mett-schinken-wurst-oft-mit-esbl-keimen-belastet-a-970535.html, 21. Mai 2014.

www.allmystery.de
www.animalresearch.info
www.apotheker.or.at
www.deutsche-bank.de
www.dr-leber.de
www.manager-magazin.de
www.planet-wissen.de
www.wikipedia.org

G
GOLDMANN
Lesen erleben